JN213527

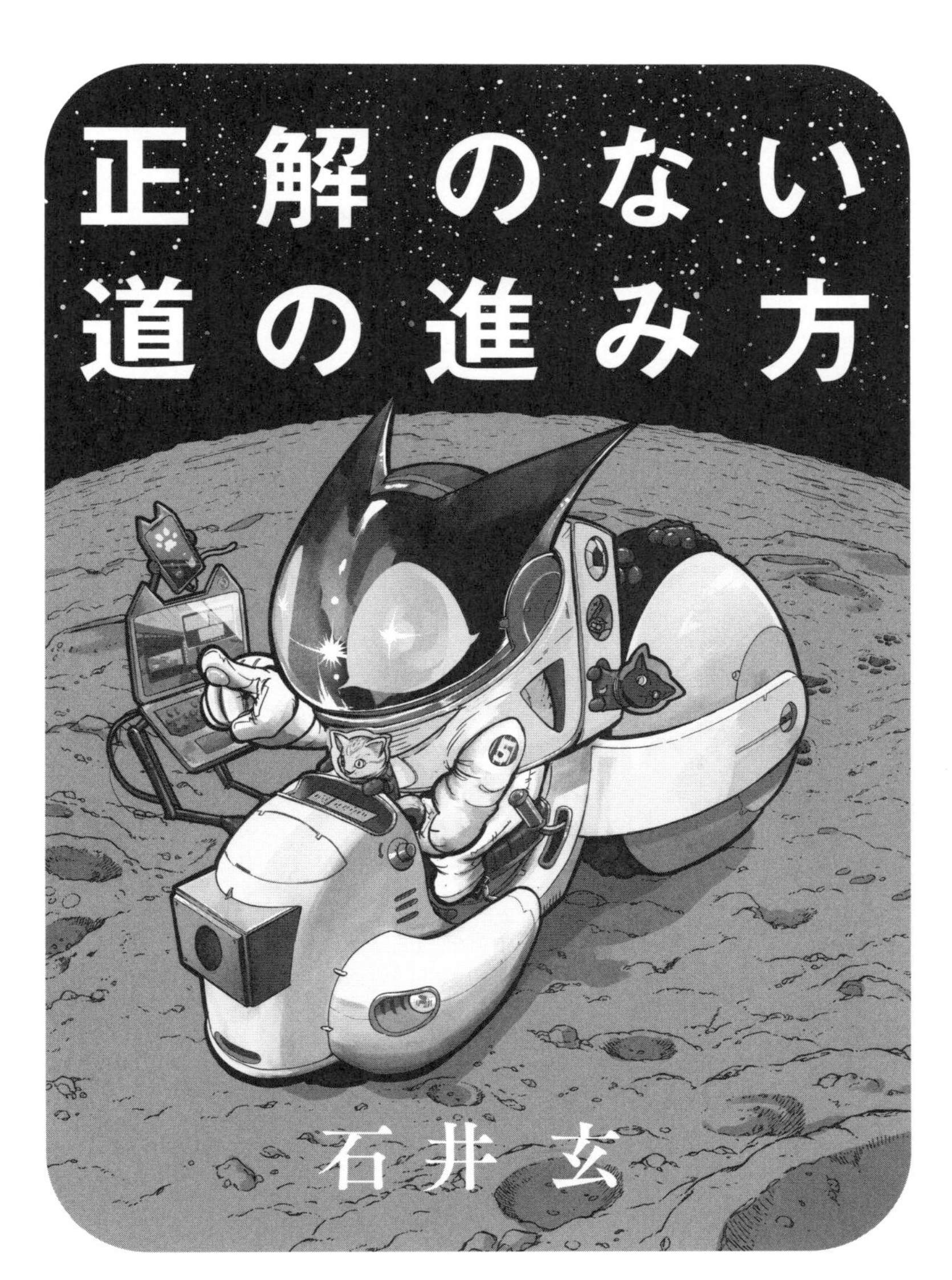

KADOKAWA

正解のない道のまえに

2冊目の本です。

前作『アフタートーク』を出したのが4年前。

前作を読んでない方に自分のことを一気に説明すると……まったく社会に溶け込めないが、ラジオに出会い、ラジオに救われ、一念発起してラジオ番組制作会社に入り、担当したいろんな番組がヒットになり、放送局に入ってさまざまなラジオ番組発のイベントを生み出し、最終的にラジオ史上最大となる東京ドームライブを成功させたのに、会社を辞めちゃった人。

なんだかルシファー吉岡さんの声で再生されそうな文章になってしまったが、前作が、「ディレクター編」なら、今回はそのあとの4年間の「プロデューサー〜起業編」になる。

今作のタイトルがなぜ『正解のない道の進み方』なのか。最初は、私がパーソナリティを務めるポッドキャスト『滔々咄（とうとうばなし）』という番組に、KADOKAWAさんから「番組本を作りませんか」というご依頼がきてはじまった企画。

打ち合わせを重ねていくうちに、番組で話してきた仕事に関する内容をもとに「仕事ぶりを書いたエッセイにしたほうが売れるのでは」という編集担当の甘い言葉に誘われて、結局二度とやるまいと誓ったエッセイを再び出すことになった。作業量が一気に増えることとなった。

これまでの仕事は「どうやればいいかわからないこと」だらけ。ラジオ番組を作るのも、イベントを仕掛けるのも、会社を辞めるのも、最初は何もわからなかった。「正解がわかっている仕事」なんて1つもなかった。でも、わからないなりに進み続けてきたら、気づけば「仕事が得意ですね」と言われることが少しずつ増えていった。

でも、ラジオの現場で、イベントの現場で、いつも考えてきたことがあった。

どうすれば、前に進めるのか？

どうすれば、思い描いたものが形にできるのか？

この本は、その試行錯誤の記録。

「これを読めば、あなたも東京ドームライブができる！」という本ではない。そんな魔法のノウハウは存在しない。現時点でオードリーのお二人にしかできないことなので、再現性もない。でも、仕事に「正解」がないなら、「前に進む方法」を知ることはできるかもしれない。

ラジオで、イベントという一瞬の熱を仕掛け、正解のない場所でずっとトライ＆エラーをしてきた。そして今、振り返ってみてわかったことがある。「正解のない道」を進み続けるにはいくつかのルールがある。正解がないなら決めてしまえばいい。自分が面白いと思うことを続けるしかない。うまくいくかどうかより、動き続けることのほうが大事。

たくさんの仕事の中で見つけた自分なりの進み方をこの本に詰め込んだつもりだ。

ちなみに、前作を読んでない方もご安心を。読んでなくてもわかるように書いてあります。加えて、続編のほうが面白い『ターミネーター2』や『トイ・ストーリー2』のようなパターンなのでご安心を。でも、もし今作を読んで面白かったら、前作も改めて手に取ってもらえたらうれしい。

前作を読んだ方の中で、気になった方にだけご連絡。今回は一人称を「ぼく」ではなく「私」として書いている。前作では、ちょっとかわいげを出したくて平仮名の「ぼく」にしたけど、さすがに39歳になって「ぼく」はキツい。「ボク」になるとさらにキツい。というわけで、「私」に落ち着いた。前作の読者の中には「ちょっと距離を感じるな」と思う人もいるかもしれない。でも、完全におじさんになった私が「ぼく」と言い続けるのもヤバいでしょう。そんなわけで、年齢による変化、ご理解ください。

この本を手に取ったあなたが、「この道でいいのか?」「どうやって進めばいいのか?」と迷っているなら、この本が、道を進むための小さな灯りになれたらうれしいです。

CONTENTS

第2章

マルチタスクをこなす仕事術

第3章

東京ドーム、1つの頂点

第 4 章

正解のない道の進み方

カバーイラスト　辻次夕日郎、千石千博
ブックデザイン　ｋｒｒａｎ（西垂水敦、市川さつき）
原稿　後藤亮平（第１章、第３章、髙比良くるま対談、としみつ対談）
村上謙三久（第２章、第４章、林士平対談、佐倉綾音対談）
撮影　上村窓（林士平、髙比良くるま）、木村心保（佐倉綾音、としみつ）

編集　続木順平
ＤＴＰ　ニシエ芸
校正　文字工房燦光
企画協力　古屋樹（ＧＥＲＡ『滔々咄』担当）、関龍太郎、砂本莉沙、松尾麻衣子

石井玄の仕事の進み方

（プロデューサーから起業後）

※関わり方は企画によって異なります。
※内容は一部抜粋となります。本書に登場しない企画もあります。

2021年1月

イベント――『佐久間宣行のオールナイトニッポン0(ZERO) リスナー小感謝祭2021～Believe～』

3月

ポッドキャスト――『オールナイトニッポン i 銀シャリのおトぎばなし』配信開始。

その他『JAPAN POD CAST AWARDS』の選考委員を務める（～2023年）

4月

その他――『三四郎のオールナイトニッポン0(ZERO)』公式ファンクラブ「バチボコプレミアムリスナー」発足

イベント――『三四郎のオールナイトニッポン 6周年記念バチボコプレミアムライブリベンジ』

イベント――『Creepy Nutsのオールナイトニッポン0(ZERO)presents日本語ラップ紹介ライブin日比谷野音』

9月

イベント――『星野源のオールナイトニッポンリスナー大感謝パーティー』

イベント――『水溜りボンドのオールナイトニッポン0(ZERO) リスナーアミーゴフェスティバル～Remember Me～』

10月

イベント――『トータルテンボス×銀シャリ×蛙亭 ぬきさしならナイおトぎばなし亭！』

イベント――『佐久間宣行のオールナイトニッポン0(ZERO)リスナー大感謝祭2021～freedom fanfare～』

12月

ポッドキャスト――Amazonオーディブルにて『佐藤と若林の3600』配信開始。

ポッドキャスト――『滔々あの夜咄』配信開始

2022年3月

イベント――『ニッポン放送 お笑いラジオスターライブ2022』

イベント――『あの夜を覚えてる』

7月

イベント――『Creepy Nutsのオールナイトニッポン presents 日本語ラップ紹介ライブ in 大阪野音』

10月

イベント――『マヂカルラブリーのオールナイトニッポンZERO!!・～でっかいフォーラムでーす～』

イベント――『Creepy Nutsのオールナイトニッポン『THE LIVE 2022』～オレらのRootsはあくまでラジオだとは言っ・て・お・き・たい ぜ！～』

イベント――『オールナイトニッポン55周年記念 佐久間宣行のオールナイトニッポン0 presents ドリームエンターテインメントライブin 横浜アリーナ』

11月

イベント――『『千葉雄大のラジオプレイ』公開収録／ちばラジ後援会』

その他――『ACC TOKYO CREATIVITY AWARDS』メディアクリエイティブ部門審査委員を務める（～2023年）

その他――『ACC TOKYO CREATIVITY AWARDS』にて、『あの夜を覚えてる』がメディアクリエイティブ部門にて総務大臣賞／ACCグランプリを、ブランデッド・コミュニケーション部門 Aカテゴリーにてシルバーを受賞

2023年1月

イベント――『つぶぞろい2023～みんな売れて大復活ライブ～ in 草月ホール』

3月

イベント――舞台『背信者』

イベント――舞台『明るい夜に出かけて』

イベント――『東京03 FROLIC A HOLIC feat. Creepy Nuts in 日本武道館』

その他――『JAPAN PODCAST AWARDS』にて『佐藤と若林の3600』が大賞を受賞

4月

イベント――『祝・日比谷野音100周年 Creepy Nutsのオールナイトニッポン presents 日本語ラップ紹介ライブ2023 in 日比谷野音』

6月

イベント――『UNDRE25 OWARAI CHAMPIONSHIP』

10月

イベント――『あの夜であえたら』

11月

イベント――『三四郎のオールナイトニッポン公式ファンクラブ「バチボコプレミアムリスナー」「三四郎と行く！バチボコプレミアムバスツアー」』

ポッドキャスト『宮司愛海のすみません、今まで黙ってたんですけど…』配信開始

2024年2月

イベント――『オードリーのオールナイトニッポン in 東京ドーム』

5月

ポッドキャスト――GERA『滔々咄』配信

6月

ポッドキャスト――『林士平のイナズマフラッシュ』配信開始

7月

ポッドキャスト――『鳥羽周作のうまいはなし』配信開始

11月

イベント――『The Secret Show』

イベント――『ゴースト・オブ・レディオ～バチボコ怖い心霊バスツアー～』

ポッドキャスト――GERA『Will D』配信開始

12月

ポッドキャスト――『岸田奈美のおばんそわ』配信開始

ポッドキャスト――『日刊 佐倉綾音～天才・天久鷹央になる100日間～』配信開始

アプリ――ラジオ・音声業界特化型の無料アプリ『ラジオメディア』リリース

2025年1月

イベント――『SSS in 武道館』、『WhiteTails 最初で最後が武道館』

イベント――『つぶぞろい2025～漫才王とコント王とその他の王たち～』

第 1 章

前例のない
仕事を求めて

いきなりはじまった全力疾走プロデューサー

振り返ると、石井玄（ひかる）というプロデューサーは、ラジオの現場担当であるディレクター出身という出自と、コロナ禍という社会状況、そしてニッポン放送という環境によって偶然生まれた。

2〜3年前に押さえていたイベント会場を、キャンセルが相次ぐ中、ニッポン放送はキャンセルせずにいた。それは仕事を失いかねないイベント業界の方々のためでもあり、コロナによってエンターテインメントを止めないという覚悟だったと思う。

おかげで私は入社直後とは思えない数のイベントをいきなり全力で手掛けることになった。それが良かったのか悪かったのかはわからないが、結果的に、数々の苦難に立ち向かうチャレンジをしているプロデューサーだと、外からは見えていたのかもしれない。

一般的にプロデューサーというと、映画やTVのプロデューサーをイメージする人が多いのではないだろうか。企画の概要を作って、適材適所の人を選定し、各所に発注し、予算を振り分けていくのが主な仕事だ。

私が知る限り、どんな業界でもプロデューサーには、アシスタントプロデューサー（AP）がついていて、実務的な部分の多くはAPが担当する。TVのプロデューサーは、たまに現場に顔を出すだけで、「あとはよろしくね〜」なんて言って飲み歩いているようなイメージを抱かれることもあるが、実際それに近いし、プロデューサーは人とつながることが大事なので、本来そうあるべきだと思う。もちろん健全な飲み会の場合に限るが、人脈を広げて企画を円滑に進めていくことが一番の仕事になる。

一方、ラジオ業界のプロデューサーには、APがいない。ニッポン放送においては、1つの企画に、1人のプロデューサーが基本とされていた。そもそも、プロデューサーの人数が少ないし、予算もないから、1人で何本も企画を担当することになる。だから、プロデューサーの私に課せられたのも、企画を立ち上げ、会場や演者、スタッフを探してくるといった0から1を作る作業だけでなく、その企画を1から10へと形にする作業も入っていた。つまりは全部やることを意味する。

たとえば『お笑いラジオスターライブ2022』を開催したときの流れはこうだった。

東京国際フォーラムのホールA（約5000人キャパ）という会場は決まっていたので、企画立案からはじめた。このイベントは、ディレクター時代に先輩の宗岡芳樹さんが立ち上げた『お笑いオールスターウィーク』を引き継ぎ、『お笑いラジオスターウィーク』というオールナイトニッポンの1部と2部をすべて芸人さんが担当する企画を実施したときに、そのライブ版をやりたいと思っていたことがきっかけだ。

ちょうどオードリーの若林（正恭）さんが、なかなかライブで漫才をやる機会がないと言っていたので、若林さんに企画について話してみたところ、「めっちゃいいね」と言ってもらえたことも自分の中では後押しになった。

企画立案後は、タイトルの決定、出演者の決定、ブッキングなどを進めていく。出演者

5組の事務所に連絡し、出演依頼やギャラの交渉、スケジュール調整などを1人でやった。ちなみに、ブッキングだけでも、TVや、ドラマ、映画の世界では専門のブッキングプロデューサーがいるらしい。なんと、うらやましいことか。

イベントの内容も自分で進めていく。予算は限られていて、知り合いにお笑いライブの演出をする人もいないし、ディレクター時代には自ら演出してきたので、今回も自分でやることにした。構成は放送作家で、『オードリーのオールナイトニッポン』を担当されていて、TVの構成も数多くやられている飯塚大悟さんにお願いした。TVをやっている作家さんは視覚的な構成を一緒に考えてくれるので、TVとラジオをやっている飯塚さんはぴったりだったからだ。飯塚さんとイベントの内容を打ち合わせしていき、構成を考えて決めて、その内容について事務所やご本人とも打ち合わせしていく。

ただ、ラジオ局とはいえ、内容を考えて演出し、出演者と直接話を進めるプロデューサーはあまりいないと思う。私の場合、現場でのAD経験、ディレクター経験、イベント演出経験があったので、できることの幅が広く、自分でできてしまうがゆえに、自分でやってしまっていた。このとき、他の人にお願いするという発想も、お願いできる人もいなかった。

イベント内容を決めていく作業と並行して、イベントのロゴやグッズの制作、発注なども進める。社内でよくお願いしているデザイナーさんだと、どうしても似たものになるが、デザイナーに知り合いもいないので、このときはTwitter（現X）で募集してみた。結果、ラジオ好きのデザイナーから届いたDMの数は200件以上。見る時間がかなり必要で後悔したが、すべてをチェックして、そこから1人のデザイナーさんを選んで、ロゴやグッズのデザインを作成してもらった。

ちなみに、各出演者が描かれたロンTだけは、私の兄で現代美術作家の石井亨（とおる）にお願いした。テイストの違うグッズがあったほうが売れるのでは？という発想からだ。兄にデザインのダメ出しをするのは、新鮮で面白かった。本気で描いてくれたので、アート作品をグッズにするという、これまでにない取り組みになった。

また、この頃にはやらなくなっていたが、最初は自分でイベントの宣伝ツイートをしたり、宣伝素材の収録や編集もしていた。まだ予算管理の経験がなく、節約したほうがいいだろうと自分で抱え込んでいた。これは社員プロデューサーの良くないところで、社員がやれば0円でまかなえるという考え方は、収益の少ないラジオ局に根強くある。

さらに私の場合は、ちょうどコロナ禍にプロデューサーになったので、通常以上に予算がなかったことも大きかった。一般的なイベントでは、通常7~8割ぐらいチケットが売れれば損益分岐、つまり赤字にならない境界線に設定する。当時は感染対策で、客席の半分、5割しか観客を入れられなくなっていたので、予算がまったく足りない状況だった。感染対策のための作業もあり、平常時に比べると、作業量は増えていた。

1年目にして複数のイベントを同時に経験

企画立案、ブッキング、各打ち合わせ、イベント内容決定からロゴやグッズの制作・発注、販売などなど。それに加えて社内調整もしながら仕事をしていたため、1つのイベントならともかく、これを複数掛け持ちした結果、1年目にしてスケジュールが破綻した。

最初は先輩のイベントを手伝いながら、イベントプロデュースを学ぶはずが、東京国際フォーラムのホールAで『佐久間宣行のオールナイトニッポン0（ZERO）』と『水溜りボンドのオールナイトニッポン0（ZERO）』の番組イベントを入社半年も経たずにやることになり、スケジュールがなくなっていき、そのうち先輩の現場には来なくていいと言われるようなった。ニッポン放送は大型イベント会場を数多く押さえているが、プロデューサーも企画も足りていなかった。

そのイベントもコロナの影響で中止になってしまったが、代わりに配信イベント『佐久間宣行のオールナイトニッポン0（ZERO）リスナー小感謝祭2021～Believe～』を立案して、イベント中止分で発生してしまった赤字を取り戻す、というのも仕事として発生する。

さまざまな企画を立案し開催し、もし中止になっても代案を用意し、開催し、その間で新しい企画を考えて……こんなことを繰り返しているうちに、たくさんのことを学ばせてもらった。しかし物理的に時間が足りないので、心と体がついてこないこともあり、いかに無駄なくスムーズにことを進めるかを研ぎ澄ませていった結果、私なりの仕事術が構築された。

とにかく大変なスタートだったが、1年目であらゆる経験ができたことだけは良かったのではないだろうか。おまけに、配信イベントで大きな売り上げを出したことで、気持ちとしては貯金を持った状態でプロデューサー人生をはじめることができた。そういう意味では運が良かった。

とはいえやっぱり、当時の上司に騙されていたんじゃないかと思っている。本来は年度末に活動計画書を提出し、決まった企画を翌年度に担当していくところを、会場が余っているから、「面白い企画はない?」と度々聞かれることがあった。会社のシステムを把握し切れておらず、やる気もあったので、活動計画とは関係なくどんどん企画を提出していき、どんどん通っていく。途中で「騙されてないか?」と思って周囲の人に聞いてみたら、「そんなにやっている人は他にいないよ」と言われて、ようやく上司にうまく誘導されていることに気づいたのだ。それが成長にもつながったので、騙されるのも大事なのかもしれない。いや、そんなことないか。

星野源さんが教えてくれた「イベントとは」

ラジオイベントで得た教訓。イベントを実施するにあたって、まず大事なのは赤字にしないこと。

イベントにかかった制作費を、観客に買っていただいたチケット代で回収するのが基本なので、とにかくチケットを売らなければ話にならない。だが先述したように、コロナ禍でプロデューサー業をはじめたので、観客を満杯に会場に入れることができなかった。

そんな中、ようやく開催できた番組イベントが、2021年4月に開催した『三四郎のオールナイトニッポン6周年記念 バチボコプレミアムライブリベンジ』。本来は5周年でやるはずが新型コロナウイルス感染拡大の影響で中止になったイベントで、当時、番組のディレクターだった私が途中まで作り上げた内容がベースになっていたが、問題はリベンジ開催してもコロナ禍のため客席の半分しか観客を入れられないことだった。

そのあと、制限がもう少しゆるやかになったものの、リスナーも慎重になっていて、チケットの発売後なかなか売り上げが伸びない。5周年のときは全席が即完売したのに。必然的に使える制作費も少なくなり、やりたかったことができないという状況に悩まされた。ディレクターとして愛情を持って関わっていた番組なので、なんとか配信チケットとグッズの売り上げで制作費を確保するプランを作って、リスナーのみなさんにも助けられ、黒字にすることができた。

ただ、プロデューサーとして改めて思ったのは、「この形、毎年はできない」ということだった。ディレクターとして各番組を制作していたからわかるのだが、番組イベントは番組自体のコンテンツを消費する。宣伝して盛り上げたり、イベント用に企画を立ち上げたり、コーナーを変更したりと、番組をある程度イベント仕様にしていくことになるわけで、番組の作り手としてはイベントに向けて番組が消費される感覚になるのだ。

そのため、番組イベントを毎年開催するとイベントがずっと番組を侵食するようになり、普段の放送の形が変わり、面白くなくなってしまう。この感覚はもともと自分の中にあったものだが、『三四郎のオールナイトニッポン』のイベントを通じてさらに強く感じた。

とはいえ、ラジオ番組全体の広告費は1991年をピークに下降傾向にあり、私は放送局として収益が見込めるようになってきたイベントに活路を見出すしかないと思っていた。個人的にも番組の継続を後押ししたい気持ちがあったので、番組イベントは続けていきたい。そこで三四郎のイベントと並行して進めていた『Creepy Nuts のオールナイトニッポン0（ZERO）』のイベントは、「presents」という形式にした。

番組を消費しない「presents イベント」

「番組イベント」は番組の歴史を最大化して作る集大成的なイベントで、「presents イベント」は番組やパーソナリティのある側面を切り取って作るイベントだと、私は考えていた。『Creepy Nuts のオールナイトニッポン0（ZERO）』の場合は、アーティストながらトークやコーナー主体だったが、番組内で唯一音楽的な「日本語ラップ紹介のコーナー」を独立させてイベント化しようと考えた。

こうして2021年の4月に開催した『Creepy Nutsのオールナイトニッポン0 presents日本語ラップ紹介ライブin日比谷野音』は、R-指定さんが日本のHIPHOPを紹介するというコーナーの内容そのままに、R-指定さんによるアーティストの紹介と、紹介されたアーティストのライブをセットでお届けする音楽イベントになった。ゲストアーティストのセレクトはもちろんCreepy Nutsが行う。そのあと、2022年、2023年と「日本語ラップ紹介ライブ」を続けられたのも、企画性が高く番組のコンテンツを大きくは消費しない「presentsイベント」にしたことが大きいと思う。

同じようなpresentsイベントとして、2022年の10月に開催した『佐久間宣行のオールナイトニッポン0 presentsドリームエンターテインメントライブin横浜アリーナ』がある。これは前年に『佐久間宣行のオールナイトニッポン0（ZERO）』の番組イベント『佐久間宣行のオールナイトニッポン0（ZERO）リスナー大感謝祭2021～freedom fanfare～』を開催したばかりだったので、番組を消耗させないためにpresents形式のオムニバスライブにした。

佐久間さんは番組でもご自身で選曲をして曲をかけるくらい音楽を大事にしていて、ご本人が見たいアーティストを選んだライブをやってみたい気持ちがあることはわかったので、盛り上がる可能性が高いと思っていた。もともとニッポン放送では『ALL LIVE NIPPON』というオールナイトニッポンのパーソナリティを集めたオムニバスライブを実施していたので、社内では今回もそのような形式のほうがいいのではないか、という声もあった。でも、私の中では、主軸となる番組を立てたイベントのほうがリスナーも観に行きたいと思うはずだという仮説があったので、あくまで「佐久間宣行のANN0」を軸にしたイベントとして企画を進めた。チケットは想像通りたくさん売れたので、この仮説は証明されたと思う。

星野源さんが体現した「ファン」と生み出すエンターテインメント

偶然生まれたイベントもある。2021年の9月に開催した配信イベント『星野源のオールナイトニッポンリスナー大感謝パーティー』は、星野さんの希望で動き出した。きっかけは、『佐久間宣行のオールナイトニッポン0（ZERO）リスナー小感謝祭

2021～Believe～』。そのイベントを星野さんに観ていただいたところ、佐久間さんの奮闘ぶりに、「星野源のオールナイトニッポンでも配信イベントがやってみたい」とご相談いただいた。イベント内でも語られていたが、『星野源のオールナイトニッポン』でイベントをやってこなかったのは、地方に住んでいるリスナーやチケットを買えなかったリスナーに疎外感を抱かせたくない、という星野さんの気持ちがあったから。しかし、配信イベントならチケットの枚数制限もなく、全国のリスナーに届けることができる。

そこで、ニッポン放送の地下2階にあるイマジンスタジオを最大限活用した配信イベントを考えはじめたのだが、パーソナリティ自ら発案していただいたイベントなので、チーム全体のモチベーションが高かった。番組スタッフだけでなく、星野さんもたくさんのアイデアを出してくれた。「佐久間宣行のANN0」のときも、佐久間さんや番組スタッフと配信イベントをやったほうがいいという想いを共有して、いいイベントにできたので、関係者に熱量がないと面白いものにはできない。

イベントの目玉になった、リスナーから歌詞を募集し、それを星野さんが配信中に1曲完成させて生披露する企画も、星野さんが自ら提案してくれたものだ。どう考えても星野さんが一番大変だと思ったが、こんなにありがたい話はないのでイベントの軸にすることになった。

星野さんがこういった提案をしてくれたのは、モチベーションだけでなくプロ意識の高さによるものだと思う。イベントを実施するにあたり、リスナーにチケットを買ってもらう以上、買ってくれた方が満足できるようなクオリティの高いエンターテインメントを作ろう、といったことを意識されていて、それをチームにも伝えてくださった。有料のイベントで、無料のラジオと同じことをするわけにはいかない。自分の中にもぼんやりとあった考えを明確な言葉にしてもらったことで、「有料イベントとは、観客がチケット代の分だけ、満足できるエンターテインメントを作ることだ」とはっきりと意識するようになった。

当然、有料のコンテンツとして完成度を上げなければならない。名物コーナー「星野ブロードウェイ」は、星野さんとスタッフが演じる、生ラジオドラマの企画なのだが、イベントでは、プロの脚本家にお願いしようという話になった。そこで、ダメ元で星野さん出演のドラマ『逃げるは恥だが役に立つ』（原作・海野つなみ）なども手掛けた野木亜紀子さんにお願いした。当然断られるだろうと思ったが、野木さんは面白がってくださって、多忙な中、脚本を書いていただけることになった。おかげでイベントでしか見られない（聴けない）貴重なラジオドラマになったと思う。

さらに、配信イベント開催のきっかけになった佐久間さんとトークをしてもらったら、何かが生まれるのではないかという話になり、佐久間さんにゲストに来てもらうことになった。星野さんがイベント内で完成させた曲に、佐久間さんがその場で「キミと星」という素敵なタイトルをつけてくれたことは思い出に残っている。

こうしてたくさんの方の熱量によって、『星野源のオールナイトニッポン リスナー大感謝パーティー』は奇跡のような大成功イベントになった。星野さんのできたての曲を目の前で歌われたのを聴くなんていう経験はもう一生ないだろう。星野さんの歌に感動して、その場で泣いていたスタッフは私だけではなかった。

プロから学んだグッズ作りのノウハウ

イベントに欠かせない要素としてグッズ販売がある。星野さんや、水溜りボンドなどは、普段の活動でグッズを制作・販売しているので、いつも制作しているグッズのチームにラジオイベントのグッズも作っていただくことにした。

専門家なので、デザインや商品の質感へのこだわりはもちろん、宣伝方法などのノウハウもしっかりとある。宣伝画像として、カメラマンを入れて本格的な撮影を行ったことだけでも新鮮だった。自分で「佐久間宣行のANN0」のイベントグッズを作ったときは、グッズを着た佐久間さんを私がスマホで撮影していたくらいなので、クオリティに雲泥の差があり、当然しっかりとした画像のほうが売れ行きもよい。

私を含めたニッポン放送の社員はグッズ制作に関しては完全に素人だったので、そのときにプロのノウハウを学べたことは幸運だった。プロデューサーとしても、価格設定や在庫管理、宣伝方法などのノウハウを学ばせてもらった。それまでは自己流でやっていたので、正解かどうかまったくわからないままだった。

利益だけを考えれば、経費のかからない社員が制作を進行し、質感などもそこそこにしてコストを抑えたほうがいい。でも、そういった考え方でいると、ラジオ業界全体のグッズ販売は長続きしない。プロのスタッフを巻き込んで、クオリティの高いしっかりしたグッズを作ったほうが、最終的にはグッズ展開としてもうまくいく。目先の利益ではなく、その先の未来まで考えなければいけない。それがグッズ制作を通してはっきりとわかった。また、グッズのラインナップについての考え方も、プロのグッズ作りに触れられたことで身についた。

イベントグッズは普段使いできるカッコいいもの、オシャレなアイテムを意識して制作することが多くなったが、同時にラジオらしい番組のノリやファン心理を踏まえたものも必ず用意するようにしている。番組ロゴの大きなTシャツのほうが、むしろファンであることがアピールできるから欲しいという方も一定数いるので、どちらも売れるのだ。

『星野源のオールナイトニッポン』のイベントのときも、スタッフのアクリルスタンドを販売した。個人的にはスタッフのアクスタが欲しいとは思わないが、感覚だけで「ダサい」「欲しくない」を判断していると、潜在的な購買意欲を取り逃がしてしまう。それはもったいない。アクスタは私の予想を大きく外れて、かなりの数が売れた。

ラジオよりも密室にする『佐藤と若林の3600』の狙い

ラジオは長らく「パーソナリティとリスナーだけの密室感がある空間」などと言われてきたが、残念だけど、今やそうではない。

ラジオでの発言がネット上で書き起こされ、切り抜かれ、ネットニュースに転載されてしまうようになってから、パーソナリティも自由に喋れなくなったからだ。ラジオは自分の中だけで楽しむものだったのが、ＳＮＳで「いいね」をもらうために、「この番組が面白い」と発信する人が増えたことも大きい。それ自体は否定されるようなことではないけれど、一方で、「こんな番組のどこが面白いんだ」といったネガティブな発信に対しても「いいね」がつくようになってしまった。切り抜かれた言葉の印象だけで叩かれてしまう。

自分が信じる価値観以外の考え方を認めず、排除しようとする人が増えていることも、こうした状況を加速させていると思う。ラジオをはじめとする音声コンテンツは価値観が異なる人を排除しない文化があると思ってきただけに、余計に悲しい。

では、どうすればパーソナリティが自由に喋れるのか。そのためには、コンテンツを有料にして、無関心な人が入れなくするのが1つの方法。有料のライブや配信イベント、サブスクの課金コンテンツには、「お金を払ってでも聴きたい、観たい」という人しか集まらない。転載や書き起こしも、より強く抑止できる。

鍵のかかった守られた空間は入りにくい上に、入った人にとっては居心地がいいので出ていきづらい。さらに、居心地の良さにハマった人は、その場所に居続けるためにコンテンツをずっと応援してくれる。〝内輪〟になってくれるのだ。

昔はよくラジオ局の人には「内輪にするな」「知らないスタッフの名前を出すな」「スタッフは喋るな」などと言われてきたが、それをやってきても何も起こらなかった。だったら内輪でいいのだと思い、オールナイトニッポンのチーフディレクター時代、番組を「むしろ内輪で喋ってください」という方針にしたら、どんどんリスナーの熱量が高まっていった。そんなこともあり、音声コンテンツの活路は内輪にあると思っている。

もっというと、もはやコンテンツはバズってはいけない。自分が関わるものは、絶対にバズりたくない。これは動画コンテンツも同じで、知人のクリエイターも「バズりたくない」と言っていた。目立たないように活動しながら、仲間同士で楽しくやっているほうが長い目でみるといいという話だった。

オードリーの若林さんと佐藤満春（サトミツ）さんの番組『佐藤と若林の３６００』は、Ａｍａｚｏｎオーディブル限定配信で、そうしたクローズドな内輪の場として立ち上げられた。若林さんがオールナイトニッポンとはまた別の、自由に喋れる〝密室〟を求めていたことがきっかけだ。内容に関しては絶対に漏らしてはいけないので、気になった方は課金した上で、聴いてほしい。

数字ではなく熱量を追い求める

音声コンテンツの活路が自分の中で明確になってきた今となっては、リスナー数のランキングや聴取率といったものを気にする意味がなくなってきた。

YouTube、TikTokと比べると、ラジオの再生数はかなり低いほうだ。radikoやポッドキャストなどで数値化されたことで、広告として売りにくくなっているのではないか。数値がモノを言うデジタルの世界で、「ラジオをもっと広めよう」と考えるのは、これだけコンテンツが乱立している世界では無理があると言わざるを得ない。これが私の出した結論で、今からYouTuberのように100万回再生されるコンテンツを作ろうとは思わなくなった。だとすると、〝内輪〟に向けて、狭いけど深く刺さるコンテンツにするしかないのだが、そういった深さは再生数では測れない。問題は「このコンテンツを応援するために、いくら払ってもらえるのか」といった熱量の高さになってくる。

イベントやグッズでマネタイズするようになったのも、リスナーの高い熱量があったからこそで、『三四郎のオールナイトニッポン』公式ファンクラブ「バチボコプレミアムリスナー」を立ち上げて会費をいただくかたちにしたのも、広告ではなくリスナーの熱量によって番組を続けられるようにしたいと考えたからだ。

こうしたコンテンツを一から立ち上げることは簡単ではないが、番組の人気だけに頼るしかないわけでもない。極端な話、月額50万円払ってくれるリスナーが1人いれば、番組はできる。音声コンテンツはコストがかからない点が大きな強みなので、番組を予算に合わせればいい。熱量の高い顧客が最低限いれば、番組を続けることはできるのだ。

ポッドキャストには、プロデューサー兼ディレクターとして番組に関わることが多いが、作り手として内輪感、密室感を保つことを意識している。

地上波のラジオに比べて時間の制限がないからカットをほとんどしないし、収録中の指示も最低限しかしない。以前、ポッドキャスト『宮司愛海（まなみ）のすみません、今まで黙ってたんですけど…』の収録で、宮司さんから「妹の話をしたいんですけど、内輪すぎますかね？」と相談されたときも、「ああ、いいんじゃないですか。みんな宮司さんのことが好きだから、妹の話も聞きたいはずですよ。なんなら、電話で妹さんに出てもらいます？」と提案した。

結果、姉妹で話をしてもらったら、なぜか二人とも泣き出してしまって、すごく素敵な回になった。宮司さんも「これはギャラクシー賞ものでは⁉」と騒いでいたけれど（笑）、残念ながらポッドキャストは地上波専用のギャラクシー賞の対象にはならないです。

ただ、密室的な空間だとしても、なんでも話していいわけではない。多様な価値観を認めつつ、近い価値観を持つ人たちが集まる場所だからこそ、考え方が違う人を否定しないようにしている。他人を傷つけてしまったら、外野で炎上を起こす人たちと同じだ。

難しいのは、音声はどうしてもノンフィクションとして受け止められてしまうこと。小説や映画であればキャラクターが極論を述べたとしても、あくまでもフィクションであるという線が引かれる。「このキャラがそう思っているだけで、私はこんなこと思ってないですよ」という建前で、作者が自分の考えをキャラクターに喋らせることもできるから、偏った意見でも発信することができる。音声コンテンツはそうはいかない。パーソナリティが喋ったことは、その人の考えとして認識されてしまうから、そこで誤解が生まれないように気をつけなくてはいけない。

コンテンツとして長続きさせることも大切だ。昔ながらのラジオでも長寿番組は、パーソナリティとリスナーがお互いに年齢を重ねながら一緒に人生を歩んでいく、そんな関係性ができている。媒体やマネタイズの方法は変わっても、そこは変わらないので、仲間と支え合い、一緒に生きていく、そんな幸せなコンテンツを作っていけたらうれしい。

ニッポン放送の社屋を使う
前代未聞の「あの夜」企画

ラジオ番組のイベントを手掛けていくうちに、「ラジオリスナーのスタッフと作ったほうが話が早い」と感じることが多くあった。ラジオに関するコンテンツを、ラジオがわかっていない人と作るのは、かなり骨が折れる。グッズ1つ制作しても、ゼロからラジオ的な考え方を共有していかないと、まるで方向性の違うものができあがってきてしまうからだ。

舞台「あの夜」もそうだ。ストーリーレーベル「ノーミーツ」というクリエイターチームに、リスナーがいた。彼らはさまざまな媒体とコラボして配信ドラマの企画を展開している時期があったが、プロデューサーやデザイナーがラジオリスナーで、ラジオ局と組むならニッポン放送の石井だろうと、私に企画を持ってきてくれたのだ。

当時はまだコロナ禍の影響で有観客100％のイベントがなかなかできず、配信イベントによって、なんとか無観客でも利益を生むことができてきた状況である。そこで持ちかけられたのが、ラジオ局で生配信ドラマをやるという企画だった。生配信ドラマに可能性を感じたのと、聞いたことのない企画に興味を惹かれ、やってみたいと直感した。記憶はないが、ノーミーツのメンバーによると、企画をプレゼンされたその場で私は「やる」と即答したらしい。そして、1週間後には社内調整を済ませ、企画をスタートさせていた。

誰もやったことのない企画を成立させるには

この企画、当初は実際のラジオ番組と連動し、生放送とその裏側を生配信のドラマにしていくという想定だったが、どう考えても実現が難しいことがわかり、架空のラジオ番組を中心とした物語で生配信ドラマを作ることにした。それが、ニッポン放送の社屋そのものを舞台としてセットとして使った、舞台演劇生配信ドラマ『あの夜を覚えてる』になる。主演はラジオが大好きな千葉雄大さんと髙橋ひかるさんで、総合演出として佐久間さんに入っていただき、脚本・演出はノーミーツの小御門（こみかど）優一郎くんが担当した。誰もやったことのない企画がはじまった。

企画がすんなり通ったのは、ニッポン放送の社屋を使った舞台演劇生配信ドラマなんていう謎なものを、誰も想像できていなかったからだ。実際、ラジオドラマ的な何かと思っていた社員が多く、社内にカメラを何台も設置し、社屋の各フロアを移動しながら撮影した映像を生配信すると説明したら、「そんな企画だと思わなかった」と驚かれた。でも、しっかりとそのことは企画書に書いて配布した上で企画を通している。あまり褒められたものではないが、詳細が理解されないうちに企画を通してしまうのは、ある種の仕事術としてアリなのかもしれない。

とはいえ自分も社員の1人として、いきなり職場にカメラを設置され、目の前で俳優が演劇をはじめて、それが配信されるなんて言われたら、反発してしまう気持ちもよくわかる。なので、ニッポン放送の各セクションの管理職と個別に打ち合わせをして、「みなさんのご迷惑にはならないようにします」と分厚いマニュアルを手に丁寧に説明していった。

技術的な問題も多数ある。当時の技術ではカメラから無線で映像を送ることは安定性の面で不安があり、映像が遅れて届く「ディレイ」が発生してしまうので、ケーブルを使って有線で伝送することになった。ただ、ニッポン放送内の各フロアを動き回るので、そのケーブルさばきの難易度がとんでもなく高くなっていた。カメラ数も多くスイッチャーへの伝達も難しくなっていたり、スタッフ間のトランシーバーが不安定だったり、窓ガラスへのスタッフの映り込みが回避しにくかったりと、問題は山積みだった。

さらに、ニッポン放送内でリハーサルできる機会も限られているため、俳優たちは椅子や机やロープを使った仮想ニッポン放送の狭い稽古場で稽古をするしかない。どんどん「失敗するんじゃないか……」という不安が広がり、殺伐とした雰囲気になっていった。

そうなるとプロデューサーとしては、根拠はなくても「大丈夫、うまくいってます」などと前向きなことを言い続けるしかない。これが意外と大事で、チームのトップまで不安を口にしていると、「本当にそうかも……」と不安に拍車をかけてしまう。嘘のような言葉でもその力をあなどってはいけない。逆に、楽天的な人が多い現場では、意識的に水を差すようなことを言って引き締めるようにして、現場の空気を調整していた。

立場の異なる人たちの集団をどうまとめるか

企画を形にしていく中で想定外だったのは、ノーミーツにオールマイティな制作力がなかったことだった。チームは企画ごとに協力者を募るゆるい関係性で、スタッフがたくさん所属しているわけではなかった。そうなると、外部スタッフを迎え入れ、チームを作ることからはじめなくてはならない。

結果、広告系のスタッフが多いノーミーツに加え、演劇系、ライブイベント系、映画・ドラマ系と、さまざまなバックグラウンドを持つスタッフを集めた巨大なチームになった。プロフェッショナルの力を借りることができて心強いが、どうやってこのチームをまとめたらいいか、見当がつかない。何しろ、ラジオスタッフとイベントスタッフ、2セクションをすり合わせるくらいしかやったことがない。それが多岐にわたれば、業界によって言語が異なるし、好き勝手なことを言うし、自分たちのやり方やルールで進めようとする。

共通言語がないと揉めてしまうことがある。各セクションのトップで会議をしたときに、技術チームからは「こんなことは技術的にできない」、演劇チームからは「稽古をするにしても日数が足りない」と、それぞれの立場から不満をぶつけ合う事態になったのだ。

私は、お互いに補い合うために集まっているのだから、主導権を握るための発言はやめましょうと伝えたかった。だから、「これはラジオの物語です。みなさん、ラジオのことはわからないですよね？　僕はラジオのことはわかっているので、みなさんにお話しします。ただ、他のことは何もわかりません。だからみなさんが持っている知識を教えてください。自分たちだけの都合や、文句だけを言わず、一番いいものにしていくために協力しましょう」と言って、その場を収めた。

それからは各所で「文句は言わないようにしましょう」と言いながら、自分はAIソフトだと思って、各セクションの言っていることを翻訳して噛み砕いて共有する、ということを意識的にやるようにした。そして、各所の言い分を聞きながら、「ここはわかりました、やりましょう。でも、この部分はこういう事情があるので、あちらのやり方にさせてください」とコミュニケーションを重ねて納得してもらうようにしていった。

全体のバランスを取る役割になって気づいたのは、みんながちょっとずつ我慢すれば、誰も文句を言わないということだ。自分の意見だけを通して我慢をしていない人が1人でもいると、他からも必ず不平不満が出る。バランス良くプロジェクトを進めるには、どのセクションにもちょっとずつ我慢してもらいつつ、ちょっとずつ意見を採用していくことが大事だ。

あとできることといえば、弁当代はケチらずいいものにすること。弁当だけは全セクション同じだから、ここだけは予算を削減しないように決めた。食事は一番大事。

チームが大所帯となり、リスナー主体とは言えなくなったが、それでも各セクションに熱量の高いリスナーが必ずいて、「石井さん、実はあのラジオ番組が好きなんですよ」と、声をかけてくれた。

中でも俳優陣はリスナー率が高い。というのも、オーディションの募集要項に「ラジオが好きな人」を条件として記載していたのだ。おかげで、みんなやる気があって、どんなことでも前向きに取り組んでくれたので、とてもやりやすかった。

今回のように新しくて、誰もやったことのない企画だと、そのくらい熱量のある人か、プロ意識の高い人でないと成立しない。言われたこと、頼まれたことしかやらない人では、手探りの状態の中で、柔軟に対応してもらうことは難しい。

そんな面々をまとめる上で、佐久間さんの存在も大きかった。忙しすぎて現場に参加できる機会は限られていたが、たまに佐久間さんが来て何か言ってくれるだけで、リスナー俳優たちの士気が上がるのだ。また、スタッフたちもテレビマンとしての実績がある佐久間さんには一目置いているので、一言でスタッフみんなをまとめることができる。私はプロデューサーとして仕事をしながら、そんな佐久間さんのやり方を勉強させていただいた。

外部からの刺激が、成長を促す

なんとか問題解決の糸口を見つけ出し、ようやく本番が迎えられそうだというときに、事件が起きた。本番前、最後のリハーサルのとき、「石井さん、どうなってるんですか⁉」と、各セクションから問い合わせが殺到したのだ。聞けば、脚本・演出の小御門くんが勝手に台本を大幅に書き換え、俳優に配っているという。私も聞いていなかったので説明を求めたら、「セリフを変えたいと思ったので、やってしまいました」とのこと。

セリフの変更は、綿密に打ち合わせてきた技術チームの動きやそのタイミングが変わってしまう。そして、それ以上に影響を受けるのは俳優だ。一方の事務所から「今からだと対応が難しい」と言われたかと思えば、もうすでに新しい台本を覚えはじめてしまっている俳優もいる。あちこちの話をまとめてなんとか説明し、謝罪をし、最終的には「いいものになるなら、変えたものでいきましょう」と全員が言ってくださった。

クリエイターとして最後までクオリティを追求する姿勢は素晴らしいが、この規模のプロジェクトで誰にも共有せずに物事を進めるのはチームメンバーに大きなハレーションを生む。台本を変えるのが悪いのではなく、変更の共有をしないのが悪かったのである。若いチームだけに、わずかな綻びにも目を配っていく必要がある。これもプロデューサーとして必要なことだと学んだ。

本番中も数々のトラブルに見舞われたが、『あの夜を覚えてる』は2022年3月20日と27日の2回の上演をなんとか無事に終えることができた。自分の分身みたいな登場人物たちの物語と、それまでの苦労によって、終わったときは大きな感動と達成感に包まれた。特に髙橋ひかるさん演じるラジオディレクターが失敗したり報われたりする姿は過去の自分と重なるところがあって、「ラジオって、やっぱり素晴らしいな」と素直に思えた。

千秋楽の27日は私の誕生日だったので、公演が無事成功に終わった喜びの中、みなさんが寄せ書きしてくれたグッズのパーカーと花束をいただいた。まるで自分のために作られた作品であると勘違いしそうなくらいみなさんの祝福がうれしくて、私は運がいいと人からよく言われるが本当にそうだと思う。大変な思いをたくさんしたが、最後は感動の涙を味わえた。パーカーは今もクローゼットにしまってある。あの夜のことは一生忘れない。

新しく挑戦し続けたこの企画を通じて、得たものはたくさんある。その中でも、こうした多くの関係者が集まるまったく新しい取り組みは、企画をどんどん広げてクオリティを高めていく段階と、企画を成立させるために動き方を切り替えていく段階があることを強く意識するようになった。ラジオの生放送を成立させる感覚に近いが、規模が大きくなると、そのタイミングのミスが失敗につながってしまう。

そして、多岐にわたる業界の人たちとの出会いによって、知見が大きく広がったと思う。同じ志を持って行けるところまでクオリティを高めていける、仲間と呼べるような人たちと出会える機会はなかなかないので、とてもうれしかった。

異業種のプロに触れて、自分の幅を広げる

ラジオ局にいると外部の人と関わる機会を自ら狭めてしまうこともあるが、このままだとラジオ局もラジオ文化も衰退してしまう。

積極的に外部から学び、視野を広げ、新しいことに挑戦していかないと、産業として伸びていかない。『あの夜を覚えてる』を手掛けてから、そんな想いが強くなり、それから自分の視野を広げる機会を増やしていった。

その1つが、広告業界をメインとしたクリエイティブアワード『ACC TOKYO CREATIVITY AWARDS』だ。2023年、「メディアクリエイティブ部門」という、メディアビジネスの進化に貢献した取り組みを表彰する部門の審査員をすることになった。

他の審査員は、広告代理店やクライアント企業、ＴＶ局など、普段関わることのない業界の方々ばかり。しかもみなさん、同賞の受賞歴やしっかりとした役職がある。そんな場にラジオ局の若手プロデューサーで平社員という格下がやってきたわけだから、当然肩身は狭い。

審査員は事前に１００作品以上チェックして点数をつけなければならず、忙しい中でこの作業をこなすのは大変だった。しかし、ラジオ以外のエンタメをわかっていなかった私が、他業種のプロがどのように評価しているのか、直接聞けたことはとても勉強になった。放送局と代理店とクライアント企業で審査の視点はさまざまだ。異なる立場や価値観の人たちから具体的な意見を聞くことができる機会はそうそうない。

同時に、自分の勉強不足も実感した。広告はクリエイティブな力だけでなく、世の中に出す価値があるかどうかも問われる。多様な価値観にまつわる世界的なトレンド、深刻な世界情勢なども踏まえて「今、この企画を評価すべきか」が議論されていたが、私には面白いかどうかしか判断の基準がなかったのだ。実力不足の自分に絶望しながら、経験豊富で深い見識を持つ方々が集まる場に、あの年齢で参加できて良かったと思っている。

また、ＡＣＣでは新たな出会いもあった。審査の場で私の隣の席にいたのが、広告代理店やＩＴ企業で活躍し、数々の受賞歴もあり、海外の広告賞でも審査員を務めるようなバリバリのエリートである関龍太郎さんだったのだが、私に「『佐藤と若林の３６００』のステッカーが欲しい」と話しかけてきたのだ。こんなところにもリスナーがいるとは。関さんから「何か一緒に仕事しましょう」と声をかけてくださったこともあって、そのあと、さまざまなイベントやプロジェクトに参加していただくことになる。

『あの夜を覚えてる』受賞で意識した、ラジオの外

私が審査員を務めたＡＣＣのメディアクリエイティブ部門では、なんと『あの夜を覚えてる』がＡＣＣグランプリ・総務大臣賞を受賞した。

自分が関わっている企画については審査に参加できないので、もちろん私がねじ込んだわけではない。審査員のみなさんが議論の末に、ラジオを舞台とした「生配信舞台演劇ドラマ」が、リスナーも巻き込んでラジオというメディアのブランディングを高めた点を評

価してくださったのだ。

それがいかに名誉なことなのか、そのとき、しっかりと理解できていなかったが、その価値を認めるみなさんから拍手をいただき、素晴らしいことが起きたのだと気づいた。さらに、帰る直前、関さんから「これはとっても喜んでいいことなんですよ」と言われて、みんなで前例のない作品に、ばかまじめに挑んだことが報われたのだと実感し、だんだんとうれしい気持ちが込み上げてきた。その日は喜びを噛み締めながら、審査会場から家まで1時間以上かけて歩いて帰った。「ばかまじめ」を聴きながら。

そのあとの審査会の打ち上げで、「あの夜」の話やラジオの話をたくさんして、「ラジオって面白いんだね」と審査員のみなさんにラジオを再評価してもらえたのもうれしかった出来事の1つだ。

ラジオの世界から一歩外に出たら自分なんて通用しないだろうと思っていたが、審査員としてレベルの高い議論に参加し、プロデュースした企画がグランプリを受賞したことは、自分への自信にもつながり、次なるステップを見据えるようになった。

ノーミーツの広告代理店に勤務しているメンバーが提案してくれなければ、ACCに応募しようなんて思わなかっただろう。これまではラジオの世界でギャラクシー賞受賞や聴取率1位獲得といったことで喜んできたが、放送のみに対する賞であるギャラクシー賞に対し、ACCは放送だけでなく画期的な企画であればどんな企画でも評価される。企画の全国大会を勝ち抜くことができたとも言えるわけで、今回の受賞で初めて自分の仕事がラジオの外に出たことを自覚するようになった。

もっとラジオの外に出ないと、ラジオの世界にも何も還元できない。ラジオの外にいる優秀な人たちとつながって、その力を借りてラジオを盛り上げていくことが必要だと感じた。

自分の「上位互換」に出会う

ACCから少しあと、漫画編集者の林士平(りんしへい)さんとも出会っている。『SPY×FAMILY』、『チェンソーマン』、『ダンダダン』といった誰もが知る人気作に携わってきた編集者だ。

きっかけは2023年7月に開催されたPR会社主催のセミナー『MEDIA DAY TOKYO 2023』でのこと。林さん、ドラマプロデューサーの佐野亜裕美さん、そして私の3人でトークをすることになった。

お二人のことはお名前を知っているだけで、どんな方かはわかっていなかった。林さんと佐野さんは面識があるようで、楽屋の席につくなり、とんでもない勢いでトークをはじめている。私は疎外感を感じつつも、そのトークがあまりにも面白いので、思わず「お二人でポッドキャストやったらどうですか?」と提案した。

そしてセミナー本番を迎えた。佐野さんはドラマのプロデューサーとして、TBS、そして関西テレビで『カルテット』や『エルピス—希望、あるいは災い—』といった人気作品を手掛けられてきた。お話を伺っていく中で、腰を据えた作品作りのプロセスはすごいと思う話ばかりでとても興味深かった。同じプロデューサーでも佐野さんは作品をじっくりと時間をかけて創り出すタイプだ。

林さんのお話しされる漫画編集者の仕事は、自分がやってきた仕事と似ていると感じた。漫画家というクリエイターがいて、そのクリエイションの受け手となり、作品を最大化していく。ラジオ番組のパーソナリティとディレクターと同じ関係だと思った。

しかし、能力の面では、私とはレベルが違った。どんな質問を投げかけても、理路整然と明晰な答えを瞬時に返してくる。ACCでの経験を経て少しは自信を持っていたのだが、完膚なきまでに叩きのめされた。

佐野さんもすごい方だが、それは自分とはジャンルが違い、決してマネのできないすごさだ。一緒にいると楽しくて、東大卒で天才肌の方だと思う。しかし林さんは「この人は自分の完全な上位互換かもしれない」と思わされるほど、私の抱える問題にリンクしており、それらすべてを鮮やかにクリアしていたため、「この人みたいになったら、もっと仕事ができるのだろう」と自然に思っていた。

そこで、こんなにすごい人を音声業界に引き込んだら、音声業界をもっと盛り上げられるのではないかと考え、林さんに改めて「ポッドキャストをやりませんか？」と声をかけた。こうして立ち上げたポッドキャスト番組が『林士平のイナズマフラッシュ』だ。

一緒に番組をやるようになってからも、林さんからはかなり影響を受けている。趣味もなく、絶え間なくインプットをし、仕事がすべてで時間に追われ、死ぬまで働き続けようとしている。とても共感できるレベルじゃない特異な人だとも思うが、思考を止めずに物事を突き詰めていく姿勢には学ぶところも多い。ひたすらインプットとアウトプットを続けるスタンスに尊敬しかない。そのあたりは対談ページを読んでみてほしい。

じっくり腰を据えて物を作る人もいるが、どんどん打席に立って、数を打っていくことでヒットを打ち続けていくタイプのほうが、自分に近いのかもしれない。私も追われるように仕事をしているうちに、いつの間にか「仕事をしている」という実感がなくなり、「仕事とは何か」という問いに対して、仕事を「日常」とか「生活」と答えるようになってしまっていた。

「東京03 FROLIC A HOLIC」で気づいた「括らない」面白さ

なんの損得もなく「面白そう」だと感じたら、すぐに動き出すことはかなり大事にしている。2023年3月4日、5日に開催された『東京03 FROLIC A HOLIC feat. Creepy Nuts in 日本武道館 なんと括っていいか、まだ分からない』（以下フロホリ）は、それに該当する新しい試みだった。

というのも、これまでのキャリアで最もラジオともニッポン放送とも関係のない大型イベントだったからだ。Creepy Nuts は当時まだ『オールナイトニッポン』を担当していて、劇中にもラジオ番組のシーンはあるが、フロホリはラジオ番組の周年イベントでもなければ派生イベントでもない、東京03と放送作家のオークラさんが主体のコントライブである。

それをなぜやることになったかというと、一番は「面白そうだったから」。オークラさんがゲスト出演した『佐久間宣行のオールナイトニッポン0（ZERO）』の放送の現場に立ち会ったときに、オークラさんが今後やってみたいこととして「東京03とCreepy Nutsのライブを日本武道館でやりたい」と話をされていた。「面白そう！」とブースの外で直感した。

これはすぐに動いたほうがいいと思ったので、ゲスト出演を終えてブースから出てきたオークラさんに近づき、「ニッポン放送で武道館を押さえられるんで、そのイベントやりましょう」と声をかけた。オークラさんにも「オールナイトニッポンでああいった発言をすれば、オファーが来るかもしれない」という気持ちはあったかもしれないが、まさかその場でオファーする人間がいるとは思っていなかったはずだ。驚きながらも「ぜひぜひ」と話に乗ってくれた。面白い企画は誰よりも早く立候補した者が勝ちだ。

その翌日には上司の許可を得て、すぐに東京03とCreepy Nutsのマネージャーさんにも電話し、スケジュールが合ったところで日本武道館を押さえた。こうしてオークラさんの話を聞いた約1ヶ月後には、イベントの開催を決定させた。

イベントとしては、日本武道館を会場に、東京03とCreepy Nutsで音楽とお笑いを融合したライブにする、というテーマはオークラさんの中で決まっている。そこで、東京03の単独公演とはまた違った、「悪ふざけ」をテーマにし、GENTLE FOREST JAZZ BANDの生演奏を交えたライブシリーズ「東京03 FROLIC A HOLIC」のフォーマットを用いることになった。

そうなると、「もはやニッポン放送、関係なくない？」となってくるが、そこはやりたいと言った者が勝ち。過去のフロホリを知る人からは、どうやって「フロホリ」にニッポン放送が入り込んだのかを聞かれたりもしたが、発端に立ち会ったことがすべてだった。まったく縁がなさそうな企画でも、入り込む余地はある。ラジオ局が入り込み、オークラさんが内容にラジオのシーンをいくつか登場させてくれたおかげで、結果的に、このイベントでラジオの魅力を外に発信して広げることに成功した。また、ラジオの魅力をより観客に伝えるために、オードリーのお二人にも参加をお願いしている。

このキャスティングが実現できたのは、このイベントだけでなく、他にもいい効果をもたらした。実はこのとき『オードリーのオールナイトニッポン in 東京ドーム』の準備がはじまっていて、このイベント後の3月18日に開催を発表することになる。だからこのタイミングで若林さんにこういったライブに参加してもらうことが東京ドームライブにいい影響をもたらすという予感がしていたのだ。それに、オードリーが（個別にではあるが）『オードリーのオールナイトニッポン 10周年全国ツアー in 日本武道館』以来、再び武道館の舞台に立つことの意味合いも大きいと思った。実際に、若林さんから「これは本当にいいライブだね」と言われたので、いい刺激になったのではないかと思っている。

初めて出会った、阿吽の呼吸で動くハイレベルなチーム

このイベントは、チーム構成も新鮮だった。今回は、オークラさんをはじめとする「東京03 FROLIC A HOLIC」のチームが主体となる。もともとあるチームに外から参加するような経験は今回が初めて。しかも、自分より10年以上世代が上の、百戦錬磨のチームだ。高校生のチームに小学生がまぜてもらうような感覚だった。

当然、勉強になることはたくさんあったが、中でも驚いたのは、長く続けてきたチーム

ならではの「阿吽の呼吸」だ。これまでバックグラウンドの異なる人たちの間に入ってコミュニケーションを重ねてきたような自分にとって、多くを語らずとも意思の疎通ができている現場は初めてだった。

よく覚えているのは、東京03の角田（晃広）さんが歌う幕間のVTR企画のことだ。オークラさんとそのパートについて話していて、「グッズの告知とかも入れられたらいいですね」という話になった。すると、オークラさんがすぐに歌詞を書いて、それを受け取った角田さんがすぐ曲にして歌って、あっという間にグッズ告知の要素も入った歌ができた。さらにVTRの構成もオークラさんがすぐに作成して、デザイン担当のニイルセンさんと映像担当の住田崇さんに発注すると、体感3日くらいでその歌のVTRが仕上がってくる。クオリティも最高だ。「どうやってるんですか⁉」と思わずオークラさんに聞いたら、「これがずっと一緒にやってる俺のチームだから」と誇らしげに言っていて、本当にすごい人たちだなと思った。

東京03さんもすごかった。演出のオークラさんがコント以外にも音楽や照明、音響、舞台美術などの打ち合わせに出ている間に、飯塚（悟志）さんを中心に稽古をして、どんどん面白くしていくのだ。ブラッシュアップしたコントを、打ち合わせ終わりのオークラさんとすり合わせて、完成に近づけていく。しかも、稽古でもずっと面白い。

スタッフ間の通訳をして仕事をした気になっていた自分は大いに刺激を受けた。アウェイをホームに変えてチームの一員として認められるために、ただオークラさんのチームに頼るのではなく、自分から働きかけてチームを融合させる試みをした。その1つがオークラさんと東京03のコントライブを作ってきた金安凌平さんと、ニッポン放送のイベントを数多く手がけた岡本祐次さん、舞台監督を2名体制でやってもらったことだ。

横浜アリーナや日本武道館など大箱での監督経験も豊富な岡本さんには全体の音響や照明、大道具や舞台装置をコーディネートしていただき、演劇やコントライブの制作に長けた金安さんには舞台上の演出やセット、小道具、稽古などを主に担っていただくという形で、得意分野による分担をした。これはお二人が人格者であったから成立した部分もあって、同じ舞台監督でもそれぞれの仕事の内容が異なるので、うまく棲み分けができると納得してくださったのだ。ちなみにこのコンビネーションは、のちに『あの夜を覚えてる』の続編『あの夜であえたら』でも活かされることになる。

こうして自分なりにチームの構成もしていったのだが、同時に、「俺のチーム」と呼べるものを作りたいという気持ちも高まった。果たして10年後、自分たちの世代でオークラさんたちのようなチームを作れるのだろうか。演者も含め信頼し合える仲間と、高いレベルで作品が作れるような環境ができていたらと思う。

肩書きや役職で括らずに、できることはなんでもやる

今回の経験を経たことで、自分の中で「肩書きはいらない」という考えも芽生えはじめた。社長であるとか、部長であるとか、チーフであるとか、○○の社員であるとか、肩書を重要視している人は多い。そうやって役割を決めたほうが効率的に物事を進められることもあるだろう。

しかし、いいものを作るためにはその枠を踏み越えたほうがいいし、外部のチームと作る会社の枠を超えたプロジェクトにおいては、肩書きは意味をなさない。立場やポジションにこだわらず、自分のできることをやったほうが断然いい。

極端な話、責任者のプロデューサーが現場に置いてある椅子を片付ける役を担ってもいいし、いいアイデアを思いついたのなら新人が演出するパートがあってもいい。自分たちの肩書きで線引きした途端に企画は硬直していく。みんなで補い合って協力できる集団のほうが絶対に面白いものが作れる。

奇しくもイベントのサブタイトルが「なんと括っていいか、まだ分からない」だったので、現場でも「このチームは括ったらうまくいかなくなるので、みなさん、セクションや肩書きで括らずに動いていきましょう」と呼びかけていた。結果的に、自分が一番動くことになったが、それでも自分を肩書きで括らないほうが楽しく効果的に働けた。

実際に、自分も会社を辞めてからますますなんと括っていいかわからない存在になっている。でも、そのほうが仕事していても楽だし、自分の中の幅が広がり、成長を実感できる。自分を括ってしまうと、広がりは生まれず、出会いや成長のチャンスを逃してしまうだけだろう。あなたも肩書きを捨てて、括らずに生きてみたら、楽しいですよ。

すべて自分の成長に巻き込んでいく

そうしてラジオ業界でキャリアを重ねていく中で、だんだんと後進を育てる立場にもなっていったが、正直、後輩から慕われる人間ではない。「石井さんのおかげで成長できました」とか、「石井さんから学びました」とか、言われたことがない。自分は先輩に対して言ってきたほうなのに。実際のところ、人を育てた実感もない（笑）。

ただ、演者を含め、若手の発掘は意識してきた。その1つに『UNDER 25 OWARAI CHAMPIONSHIP』がある。これは舞台やお笑いライブを企画制作しているスラッシュパイルの片山勝三さんによる企画で、25歳以下の若手芸人が対象となる賞レースだ。優勝者はニッポン放送でポッドキャスト番組を持てたり、『オールナイトニッポン0（ZERO）』で単発のパーソナリティを担当できたりと、新パーソナリティ発掘の側面もある。

こういったことをやるべきだと感じたきっかけは、自分がやってきたことにも起因する。できるだけ番組を終わらせないように努力を続けてきた結果、そのシステムが引き継がれていき、番組が簡単には終わらなくなっていったのだ。それ自体は素晴らしいことなのだが、一方で若い人が番組を持つチャンスは減ってしまう。

ニッポン放送を支える長寿の人気番組も、ナインティナイン、オードリー、三四郎など、パーソナリティが売れる前や売れはじめた時期に立ち上げた番組ばかりだ。だから、ここで種を蒔いておかないと、10年後、20年後にラジオを支えるスターがいなくなってしまうかもしれない。これはラジオに限らずお笑い業界全体の問題であると片山さんもおっしゃっていて、同じような危機感を共有したことからこの企画は生まれた。

独立後にJ-WAVEの『GURU GURU!』という番組の立ち上げに参加した際も、パーソナリティはできるだけ若手中心に推薦した。すべてがその通りにいったわけではないが、エバースやダウ90000など若い人にも入ってもらえたことはラジオ全体にとっても良かったと思う。若いうちならスキルもどんどん磨かれるし、何より若い人がラジオをやってくれることで同世代のリスナーが増えることが重要だ。

マニュアルで後輩を育てることはできない

一方、会社内で後輩を育てることはなかなか難しかった。正解があるわけではない仕事で、自分がやってきたことを手取り足取り教えたところで人は育たないと思っているからだ。『アフタートーク』でも書いたが、個性のない自分だからこそできた無色透明なディレクター像は、他の誰もができるわけではない。自分の資質やできることなどを見つめながら、自分なりのやり方を見つけていくしかない。

プロデューサー業も、教えられるようなものではないと思う。一時期、後輩にAPとしてついてもらったこともあったが、私が後輩にできることは、アシスタント作業の指示を出し、わからないことを聞かれたら答えるくらいだった。

APはプロデューサーとは役割が違うので、直接的にプロデューサーになる経験にはならない。現場で仕事ぶりを観察して知見を高めつつ、仕事をしながら人脈を広げてもらうしかない。プロデューサーにとって大事なのは、とにかく人脈だ。演者や事務所、スタッフなどと仕事をしながら、自分がプロデューサーになったときに発注できるような関係性を構築することが重要になってくる。

判断することも重要な仕事だが、これも言語化して教えられるようなものではない。予算を決定する基準、出演者を決めるポイントなども、それぞれ企画の内容やタイミングによって常に異なってくるからだ。だから、とにかく経験を積むしかない。

そのために必要なのは、失敗できる環境だ。どのイベントも確実に利益を出さないといけないような環境だと、若手が失敗できない。一方できちんと利益を出しつつ、もう一方では赤字覚悟で投資する。そういった余裕がないと、若手は育たない。だから、先輩社員がやるべきは若手が挑戦して失敗しても問題なく取り戻せるような環境を作ることではないだろうか。その点では、私も多少は、会社に貢献できたのではないかと思っている。

失敗や目標を糧に、自分の成長につなげる

ただ、会社にいることで、失敗することがかなり難しい場合がある。失敗自体は歓迎されるものではないので、上司は先回りして失敗を防いでしまったり、自分でやってしまっ

たりすることも多いはずだ。でも、それでは若手は育たない。失敗について謙虚に自覚し、自分で分析して、修正する。自分もディレクター時代からやってきたことだが、そうしないことには成長できないと思う。

だから、番組の放送後にスタッフが談笑しているような雰囲気が好きではなかった。明らかに通常より面白くなかった回でも、反省することなく笑って済ませてしまう。そんなサークルみたいな態度では、番組は絶対に良くならない。

自分に言い訳して他人の責任にする人間は、成長しない。会社員は、上司や部下、会社の責任にできる上に、言い訳ができてしまう。周囲もミスした人をフォローしたりするが、そこは言い訳を与えずに、「あなたがこの時点でミスをしたから、こういう結果になった」と指摘したほうがいいのではないか。企画がうまくいっても、いかなくても、そのあと、何も起こらない、誰も責任を取らない。そんな環境では、後進は育たないだろう。

そうであるなら、せめて個人個人で成長を意識した行動をとるしかない。まずは置かれた環境で目標を設定し、自分に合ったやり方や考え方を構築しながら、自分だけの山を登っていく。私の場合は、ラジオ業界を盛り上げたいという大きな目標があり、そのための具体的な目標を1つずつクリアしていくようにしている。

目標は、担当している企画を成功させることでも、会社内でトップの成績を上げることでも、自分で事業を立ち上げることでも、なんでもいい。とにかく目標を掲げ、モチベーションにつなげて行動していくことが重要だ。

そして、その山を登り切ったと思ったら、その場に満足せず、自分がいるところとは別の世界の他の山を見渡してみる。そうすると自分が登った山が案外低かったことがわかったり、同じように山頂近くに到着した共感できる人間が見つかったりするはずだ。

林士平さんと話しても、料理人の鳥羽周作さんと話しても、業界も経歴も違うのになぜか話が合ったのは、それぞれが自分なりの山を登ってトップになってきた人たちだからだと思っている。自分にとって林さんが上位互換のような存在であったように、山の頂にいる人たちがさらに自分の先を行っていれば、いいロールモデルになるかもしれない。上には上がいるのを知ることが一番大事だ。

滔々
対談
咄

PART 01

林 士平

（りん・しへい）

漫画編集者

人生には時間が足りない

『SPY × FAMILY』『チェンソーマン』など人気作品を多数手掛ける漫画編集者・林士平。石井曰く「自分の上位互換」だという林は、多忙な日々の中で常に最適化を目指し、己のキャパを増やし続けている。仕事論、コミュニケーション論のヒントが詰まった対談となった。

クリエイティブな仕事の8割はマニュアル化できる？

石井　我々って〝時間が足りない〟じゃないですか。それについて、林さんがどう思っているのかを聞きたいんです。

林　会社に早くアシスタントを入れるのがオススメですよ。

石井　それはそうなんですけど（笑）。

林 僕は各案件をタイトルごとに全部スタッフに割り振っているんです。最初のうちは僕の会議に全部同席させるんですけど、そうすると僕の思考とか、返答の仕方とか、全部覚えるじゃないですか。それから、徐々に僕からじゃなくて、その子からメールを返信させるようにするんです。対応が決まってないものに関しては全部相談してもらうようにして、「こう処理して」と伝える。この作業をやればやるほど自分の仕事は減っていくじゃないですか。2、3年後にまた違うアシスタントに入ってもらう場合も考えて、それをマニュアルにしてもらって。

石井 林さんってロボットを育成しているような感じになりますよね(笑)。システマチックにどんどんなっていくというか。

林 システムにしたほうがいいんです。極論、マニュアルを読めば、その通りにできるっていうのが仕事の本質じゃないですか。クリエイティブな仕事を全部紐解いていくと、8割ぐらいはマニュアルにすることで処理できるんです。

石井 残りの2割は何なんですか?

林 2割は自分のフィルターじゃないですかね。そのフィルターは「僕の横で見て、勝手に学習してね」ということなんですけど、自分のコピーになってもらう必要はないから、教える必要はないと思います。「なんでそう思ったんですか?」とよく質問されるから、僕も頑張って言語化しますけどね。8割ぐらいはロボット的な感じになりますけど、僕もやっているときはたぶんロボットですから。

喋りのスピードをアップすれば相手の思考も速くなる

石井 僕はラジオやイベントでもそうなんですけど、仕事では属人的なんです。「人格が変わった」と思われるぐらい接する人によって変わるんですよ。林さんは自分でどこまで変わっていると思っていますか?

林 上辺の2、3割じゃないですか。石井さんは僕が社員の前で喋っているのを見ているからわかると思いますが、ほぼ変わらないと思います。気にしなきゃいけないところだけは変わりますけど。

石井 林さんの根っこの人格はまだよくわかっていないんですけど、他人に受け入れられやすいように、どんどん変化させている印象があります。それが本当の人格かどうかは置いといて、〝仕事用の林士平〟がいるわけじゃないですか。それをカスタマイズしている気がするんですよね。

林　感情が表に出づらいだけで、別にあんまり変わらないと思いますよ。家族と一緒にハワイでぼんやりしているときの僕と、今ここにいる僕はそんな変わらないというか。もともと感情の起伏が小さいじゃないですか。機嫌に左右されづらいだろうし。

石井　そこは僕と大きく違うんです。僕は機嫌がいい悪いがメッチャあるんで。あと、林さんと話していて感じるのは、普通の人と比べて、喋りのテンポが1・5倍ぐらい速いですよね。打ち合わせでも、そのスピード感についていける人、ついていけない人がいませんか？

たくさんの情報を伝えたら、思考も速くなる。

林　どんどんついていけるようになるんですよ。昔、言われたことがありますね。「林はそのスピードで相手をマインドコントロールしているんじゃないか」って。確かに短い打ち合わせで、たくさんの情報を伝えたら、思考も速くなるんじゃないかと考えているところがあります。

石井　わかります。でも、スピードアップしたあとに違う現場に行ったら、またゼロからスタートするじゃないですか。それがイヤなんです。

林　でも、全員にやっていけば、みんなだんだん慣れていくじゃないですか。わからなかったら、何回でも説明する。僕は初めて喋ったかのごとく毎回喋ります。たぶん落語家と一緒だと思うんですけど、話せば話すほどうまくなるんです。作家さんの基本ルールがあって、本当は全部文章にしてマニュアルとして渡すこともできるんですけど、喋ったほうが心に残るじゃないですか。喋り出して、「これはいつものルーティンに入ったな」と思ったら、僕は脳味噌が動いてないと思います。脊髄反射で喋っているときはよくあって、ずっと口が勝手に動いているなって瞬間はありますよ。

すべてをマニュアル化した〝門外不出の虎の巻〟

石井　全部ヤバいこと言っているなあ（笑）。それが「感情がない」ってことですね。僕の場合、飽きちゃって、やりたくないって思っちゃうんですよ。同じことをやろうとすると、脳が拒否するんです。

林　でも、喋りながら他のことを考えているから、僕は別に大丈夫なんです。

石井　企画を1つやって、それがうまくいったとしますよね。そのあと、そこに別の人が入ってくると、「また同じことを話すのか」「また同じことをやるのか」って本当にうんざりするときがあるんです。

林　うんざりするなら、マニュアルを作っておけばいいんじゃないですか？

石井　それを渡すと、人は普通「えっ？」って言うんですよ（笑）。

林　言い方じゃないですか。「門外不出の虎の巻を君だけにお見せします」とか、「これを読んだら得だぞ」みたいな言い方をすれば嫌な気はしないんじゃないですかね。

マニュアルに固執して、動かない人もいる。

石井　でも、マニュアルに固執して、そこから動かない人もいません？

林　それも入れておけばいいんですよ。「これに固執しないでください」「これは基本ルールで可変です」って書いておけばいいんじゃないですか。書いておくだけで、相手は安心だと思います。

石井　林さんは相手に言っても伝わらない場合はどうするんですか。アシスタントから反発があったらどうします？

林　「こっちのほうが正しいと思います」という主張は基本ありがたいですよ。「君の考えにおいて、それが正解なんだね。じゃあ、1回やってみよう」と言うほうが多いかもしれないですね。自分が絶対だと思っていたら、ロジックで相手を黙らせられるんです。でも、そうじゃなくて、感性の揺らぎの部分なら、アシスタントのほうが僕より若いじゃないですか。あっちのほうが正しいと思う瞬間はよくあるんで、僕は結構乗っかりますよ。自分の中でわかっているんです。「これはもう絶対なんだ」って。それはだいたい伝わります。

石井 普通の会社員でそれは無理ですね（笑）。

林 こんなシンプルなルールはないんだけどなあ。

上司の判断を査定して、「間違っている」と伝える役割

石井 今は林さんが社長だからいいんですけど、上司が違う考え方だったら、もう無理じゃないですか。

林 上司が違ったら、すり合わせに一回走るじゃないですか。上司のほうが間違っていたら、「間違っている」と言うのが、正しい役割だと思います。

感性の揺らぎの部分なら、結構乗っかりますよ。

石井 いや、それはそうなんですけど、世の中には言っても受け入れない人もいるわけじゃないですか。

林 確かに過去にたくさんいました。よく衝突していましたね。扱いづらい部下だったと思います。だって言った通りにしませんでしたから。

石井 あの〝言った通りにしなきゃいけない〟というルールは何なんですかね？ あれって不思議ですよ。「しないといけない」っていう感情論で最後は来ますから。

林 でも、それは無視でいいんじゃないですか。

石井 林さんは強いんですよね。超強いです（笑）。

林 別に上司だから偉いわけでもないですから。そういうポジションにいるだけで、別にその人が言っていることが絶対なわけじゃないし。でも、本当に上司が偉いと思っている人が多くないですか？

石井 多いです。ラジオ業界の人たちの悩みで一番多いのは、「やりたいことがあるけど、上司に言われてでき

ないんです」なんですよ。「いやいや、やればいいじゃないですか」って話になるんですけど。

林 その上司はご自身の判断がどれほど正しいと思っていらっしゃるんですかね？　それは議論して、詰めていけばいいんです。その人の判断で間違ったこともいっぱいあるでしょうから、「あなたの判断は、勝率で言うとこれぐらいなんで、あなたの判断のジャッジもそれぐらいまで下げたほうがいいですよ」と伝えて。

石井 全然会社員の共感を得られない話になってきました（笑）。そういうブラックノートを作って、いろんな上司を査定していたって言っていましたもんね。

林 作っていました。エンタメだから、打率の低い人にジャッジを預けると、終わるじゃないですか。若い頃に打率が高いから上に行っているわけで、そのままずっと打率が高いんだったら、その人のジャッジは正解ですけど、そうじゃないことのほうが多いわけで。

石井 確かに部下が上司を査定するのは大事ですよね。

林 基本的にやりたいことをやらせて、ダメなものを適切にクロージングしていく上司が僕は好きで。やりたいことに介入しないでやらせると、若い人たちって勝手に自分で反省するんですよ。「俺はやりたいことをやったけどダメだった」って。でも、上司が介入すると、若手も「あいつの言った通りにやったんだから、俺は関係ねえ」って反省するチャンスがなくなるんです。で、上司は「俺はちょっと助言しただけなのに……」って思うんですよ。この上司も反省しないんです。だから、非常に組織としてよくないんですよ。

林士平が2ヶ月後に真逆な話をしていた理由

石井　『滔々咄』は「どういうときに幸せを感じるのか？」を聞くのが恒例なんです。林さんはどうですか？

林　たぶん常に穏やかに幸せはあるんじゃないですか。

石井　逆に不幸せな瞬間はないですか？

林　たとえばプライベートでもコミュニケーションがうまくいってないときとか、仕事の交渉事で面倒臭いことがあったときは、幸せじゃない瞬間だと思います。

石井　林さんにそんな瞬間はないかと思っていました。

林　いやいや、うまくいってないときは全然ありますよ。それをなるべくうまくいくようにするしかないなって考えています。仕事を自分で全部を完璧に見続けるのは無理だなと最近思ったんですけど、アシスタントを入れると、みんな丁寧に見てくれるじゃないですか。一気にストレスが減っているんですよ。

石井　チェックごとって全部自分で確認して、ミスしないようにしなきゃと思うと、ストレスがすごいですよね。

林　超ストレスです。僕は社員の給料の振り込みを自分でやっているんですけど、僕が忘れただけで、社員たちは給料日に不幸な思いをするんだと考えると、本当にドキドキするんですよ。

「お前は好きにやれ」が正解なんです。

RIN

石井　でも、林さんが恐ろしいのは、2ヶ月前ぐらいに「給料の振り込みって楽しいんですよね」って言っていたんですよ。こっちは「絶対につらいですよ」と言っているのに、その時点では楽しんでいたんです。

林　たぶん自分の中でルーティンになっていく過程は楽しいんですよね。

石井　林さんが仕事で追い込まれるのはどんなときですか？

林　毎週毎週メッチャ追い込まれていますよ。限界値は常にキャパギリギリまで使っています。

石井　僕はそれだと自分がもたないと思っているんです。

林　もたないかもしれないですけどね。でも、キャパがどんどん増えている印象もあるんですよ。筋肉と一緒で。

石井　確かに効率化されている部分はありますしね。

林　だんだんストレスも減っていると思うんですよ。アシスタントに「君に渡せるものは他にないかな」と聞いて、どんどん仕事を渡しているので、同じ作業量であることはほぼないですから。

石井　林さんはこの1年でだいぶ仕事の仕方が変わったんですね。出会った頃は「ひとりでやっていくんだ」みたいなモードでしたから。

林　チームで編集することの最高の正解を見つけるのも面白いんじゃないかと考えるようになりました。

石井　その方向に進めてよかったですね。僕も数年したらアシスタントを雇っているかもしれないです。

林　すぐに雇ったほうがいいですよ。数年後じゃなくて、来月雇ったほうがいいです。

石井　こんなに言うことが変わる人っているんですかね（笑）。

林　でも、変われるってことは成長できるってことですから。2ヶ月後にまた変わっているかもしれません。「もう振り込みは自動化しました」って言っているかもしれない。もう次のタスクのほうに向かっているかもしれないです。それでいいんですよ。どんどん変わっていきたいですね。

責任を全部、他人に押しつけちゃうんですよね。

ISHII

林 士平（りん・しへい）

2006年に集英社に入社。月刊少年ジャンプやジャンプSQの編集者を経て、現在は株式会社ミックスグリーン代表取締役。独立後も少年ジャンプ＋の編集者を務める。主な担当作品は『SPY×FAMILY』『チェンソーマン』『幼稚園WARS』『ダンダダン』ほか。

石井さんのおかげでラジオの末席に加えていただきました。図体も態度も野心もデカいのが、自分に似ていると思います。そのくせ人たらしで行動力もある。そこはズルいなって思います。つまりデカくてズルい男です。

飯塚大悟／放送作家

険しい壁にチャレンジし続け、壁をぶち壊しに行くメラメラな魂と不器用ハートが笑顔から滲み出ている方。私が『あの夜を覚えてる』の初日、不安でひとり泣いてしまった時「なんで泣くんだよ！笑」とツッコミをもらいましたが、終演後誰より泣いていたのは石井さん（笑）。石井さんの人との関わり方、尊敬しています。

髙橋ひかる／俳優

ラジオブースのガラス越しに石井さんがいると安心した。いつの間にか友だちになっていた（と僕は思っている）。美味い飯と酒を嗜みながら、話している時間が心地いい。またなんかおもろいこと一緒にしましょうや。

千葉雄大／俳優

わかりづらいけれど、優しい人。仕事のとても速い人。わかりづらいけれど、実は人の痛みに敏感な人。わかりやすくなろうとしないところが、良いところなのかもしれません。そして、私のPodcastを実現させてくれた恩人。ありがとうございます。

宮司愛海／フジテレビアナウンサー

第2章

マルチタスクをこなす仕事術

連絡はチャットで簡潔に

マルチタスクをどうやってこなしていくか聞かれることが多い。私なりのマルチタスク攻略法を書いていきたい。まずは連絡について。

2020年以降、ラジオ業界でも連絡ツールは日々進化し、さまざまな新しいアプリが使われるようになってきた。それまですべての連絡をメールと電話で行っていたが、私がオールナイトニッポンのディレクターをしていた頃にはLINEが普及し、番組の制作現場にも変化が起きた。

当時、オールナイトニッポンの各番組には「放送日以外で週に1回スタッフで打ち合わせをする」という文化があり、私もそれを素直に踏襲していた。初めてレギュラーでディレクターを担当した『アルコ＆ピースのオールナイトニッポン0（ZERO）』では、毎週3時間超、長い時は半日近くの打ち合わせをしていた。他の番組は30分～1時間だったことを考えると、本当に異常な長さだ。

そんな異常な番組は置いておくとして、そのあと、LINEで番組ごとにグループを作り、制作現場で活用するようになった。普段から「○日までに企画案をください」「スペシャルウィークのゲスト案をください」などとLINEをしていれば、打ち合わせの必要はなくなる。私の担当する番組数が増えた結果、各番組で打ち合わせを行うことがスケジュール的に難しくなったという側面もあるが、放送日に直接話せるし、もはや別日にわざわざ集まって話すことが無駄に思えたので、「週1回の打ち合わせ」をなくすことにした。

どんな状況でもスタッフと連絡が取れるようになったのは大きな変化の1つ。PCでもLINEは使えるから、たとえ別の会議中であっても緊急性のある指示を出すことができるようになった。

疑問点が出てきて作家やスタッフに問い合わせると、その場で返信が届くから、進行も早くなった。これはみんな言わないけどこっそりやっていると思う。

チームが多いときはＳｌａｃｋで全体に共有する

コロナ禍以降で使うようになったのがＳｌａｃｋ。もはや当たり前に使っている人も多いだろうし、何をいまさらと思う人も多いかもしれない。

イベントプロデューサーになったあとは、今まで以上のスピード感を求められるようになった。

イベントになるとセクション数が膨大で、１つの企画に少なくとも10個以上のＬＩＮＥグループが必要になる。どこのグループに誰がいるのか、今はどこのセクションの話をしているのか、毎回判断するのが大変で、必死に対応していたのを覚えている。

そんな状況が一変したのは、１章でも取り上げた『あの夜を覚えてる』がきっかけだ。このイベントには広告業界のチームが関わっており、すでに広告業界では主流になっていたＳｌａｃｋというツールを「使ってください」と勧められた。

ＬＩＮＥの場合、それぞれのセクションで〝グループ〟を組み、それを切り換えながら個別に対応するしかなかった。しかし、Ｓｌａｃｋならば、それぞれのセクションで〝チャンネル〟を組んでも、全体のやり取りを把握できる。プロデューサーの立場からすると、とにかく使い勝手のいいツールだった。

第1章で書いたように、『あの夜を覚えてる』の現場ではさまざまな事件が勃発した。すべての原因は〝共有が足りなかった〟から。そんな状況を変えるために、私はすべてのチャンネルをチェックすることにした。

「演出」「制作」「運営」「技術」「脚本」「デザイン」「グッズ」「予算」などそれぞれ別のチャンネルを組んでいたが、『あの夜を覚えてる』のときは合計で15チャンネルを超えるほどの規模になっていた。

Ｓｌａｃｋの一番良い点は情報共有のしやすさにある。それぞれのやり取りを全員が見られるからだ。個別にＬＩＮＥやメールで連絡を取ることを禁止し、全員が見ているＳｌａｃｋのみで発言するよう徹底した。それでもこっそりＤＭを送ってくる人もいたが、「隠しごとはなしでいきましょう」と伝えた。すべてが明らかになっていると、周りにいる人間もフォローをしやすいし、プロデューサーとしても指示が出しやすい。ここもＳｌａｃｋを使って改めて感じた点だ。

ただ、人によって読解力や文章力に差があるから、文章のみのＳｌａｃｋでやり取りを続けていると、どうしても齟齬が生まれてしまう。定期的にオンラインでもよいので話をして、改めて内容を共有することも大切だと明記しておきたい。

即返信のルールでスピードアップ

以前、とある会社の新入社員採用ページを見ていたら、社員の1日のタイムスケジュールが載っていた。そこで「まず出社したら、メールを確認して返信する」と書いてあって、意味がまったくわからなかった。

それは一般的な考え方なのかもしれない。私にとってのメールの返信は「いつでも」。仕事のスピードを上げる方法として「とにかく早く伝えて、相手が考える時間を増やす」ことが大切で、プロデューサーになってからはスピードがさらに速くなっている。

ただ、これも条件があり、前の項で書いたような「全チャンネルチェック」のような行きすぎたことをやると、あまりに膨大な量のため、スマートフォンから通知音が鳴り止まなくなる。他の仕事ができないため、ＰＣも含めて通知を切っている。

通知音が鳴ると、人はどうしてもその瞬間にチェックしたくなる。だが、それが打ち合わせ中など別のことに頭が取られているときだと、文面を読むだけで返信は後回しにしてしまい、対応が遅れてしまう。私の場合も以前はそうだった。

そこで、逆に通知を切り、返信できる状況のときにだけＬＩＮＥやＳｌａｃｋを開くようにした。そうすると、見た瞬間に返信ができるので、まず返信漏れがなくなる。スピード感が上がっていることを実感してからは、移動中でも、食事中でも、トイレでも、隙間でスマホを触って返信するようになった。

たとえ誰かに確認する必要があることでも、「一旦確認するので少々お待ちください」と即返信する。ＬＩＮＥのように既読がついたとしても、実際にこちらがちゃんと読んだか相手にはわからない。だから、読んだ上で対応を止めているのには事情があることを伝えたほうが結果的にスピードアップする。

数えたことはないが、すべてのツールを足すと、今でも毎日100〜200件ぐらいの連絡は常に取っている。忙しい時期は300件以上になっていたのではないだろうか。そもそもは『あの夜を覚えてる』の現場で追い込まれたからはじまったことだが、私にはとても向いている対応方法だった。

文面についてもスピード化を図ってきた。チャットツールを利用するにあたって、形式的な文面を一切使わないと決めている。メールを使うときに入れる「いつもお世話になっております。〇〇の▲▲です。〜何卒よろしくお願いします」という〝あれ〟だ。

なぜか日本ではあの文面を入れないと失礼にあたるとされている。LINEやSlackの場合、いちいち挨拶をつける必要はない。無駄な要素を省いたぶん、スピード感のあるやり取りができる。ちなみに、ニッポン放送社内とのやりとりはメールが主流であった。社内と社外でスピード感の違いを体感できて、チャットツールの利便性をより感じることができた。最近では、Discordを使用しているチームも多く、チームに合わせて最適なツールを使用できるようになっておくことが大事だ。

時間がない状況で仕事を続けてきた結果、伝えるべきことを考えながら同時に文字を打つようになることもある。文章をじっくりとまとめていたら処理が追いつかない。だから、思いついたことを次々と短い文で弾幕のように送っている。

考えながら文字を打って送信し、その間に次のことを考えてまた送る。つなげて読むと全体がわかる。まるでダイイングメッセージのような短文が連続して送られてくるのだから、かなり癖のある形かもしれないし、相手にとっては不快に思うこともあるかもしれないが、黙っているよりはいいという方針なので効率は格段に良くなった。

すべてのアプリの未読がゼロになると、すっきりした気分で常に過ごせるので、未読がある方はすぐに返信を。

即断即決する意思決定のコツ

〝即断即決〟と書くと大げさな感じもするが、とても簡単なことだと思う。思いついた時点で連絡して、すぐに共有する。自分でボールを持ち続けず、受け取ったらすぐに誰かに渡す。それを繰り返している感覚だ。

例を挙げるとしたら、『オードリーのオールナイトニッポン in 東京ドーム』での出来事。ゲストに出演した松本明子さんがデビュー曲「♂×♀×Ｋｉｓｓ」をスタンド席で歌うシーンがあった。あのとき、松本さんのもとにマイクがなかったのだ。

マイクがないと成立しないが、ＰＡ（音響）チームが届け忘れてしまっていた。直前にやっていたのは「チェ・ひろしのコーナー」で、春日（俊彰）さんの愛車がステージからゆっくりと撤収していた。それに笑いが起きていたから、ほんの少しだけなら時間は引っ張れる。その間にマイクをステージ裏から松本さんのいるスタンド席まで持っていくようにスタッフに指示を出した。

返事はあったので、すぐにマイクは松本さんのもとに向かってはいるはず。私はマイクを持ったスタッフが走っていく姿を想像し、スタンド席への階段を上がっているだろうタイミングで、届けた報告が来る前に、思いきって「スタート」のキューを出した。

紹介のアナウンスが入って、松本さんが踊りはじめると、イントロの最中にマイクが届き、無事に歌い出した。奇跡的に間に合ったけれど、今考えると怖くて仕方ない場面だ。

イベントを担当しているとこういう瞬間はどうしてもやってくる。ラジオの生放送でもそうだが、そういうときには〝いてまえ〟精神が必要だ。後述するが、それも経験という蓄積による直感が大事になる。

ラジオの生放送中では、こんな風に幾度となく即断即決した瞬間があったはず。ただ、振り返ってもあまり思い出せないのは、その場でどうにかうまくやってきたからだろう。失敗を失敗にしないで成立させてきたから記憶に残らないのだ。

たとえイベントの現場で失敗しても落ち込んでいる暇はない。引きずっても、イベントは止まらずに進んでいく。だから、私はそういう場でミスして落ち込んでいる人に「切り換えましょう」と必ず言うようにしている。たとえ、心の中では「もう1回ミスしたらクビね」と毒づいていたとしても、私自身も引きずらない。

進まない企画では〝縦パス〟を決めろ

イベントの制作では、物事を判断して進行する立場であるプロデューサーの返信が早いとすべてのことがスピードアップする。結局、仕事が止まってしまうのは「あとであの人に確認します」という待ちがあるからだ。

現場で「誰に確認したらいいですか?」と質問されることは多い。企画全体はもちろん、セクションごとの判断を誰がするのかしっかりと決めて、役割分担をしておくと、スピードはさらに上がる。肩書きがトップでも実際に決定をくだす人間は別にいる場合もあるから、注意が必要だ。キーマンを理解したら、それをみんなと共有していく。

時間が経っても進まない企画は結局誰もジャッジをしていない場合が多い。「誰かが決めるだろう」とパスを回し合っているだけ。まるで結果が出せなかった時代の男子サッカー日本代表のように、ずっと後ろで責任という名のボールを回し続けている。

そういうときは早く縦パスを出して、誰かがシュート（決定する）を決めないといけない。簡単に言うと、私はその縦パスを入れるのが役目だ。ジャッジする人間にボールを渡して、「シュートを打ってください」と指示するし、ときには自分からシュートを打つ場合もある。

即断即決できない状況を逆手に取ることもある。日本人特有なのかはわからないが、「誰か決めてください」と責任を他人に背負わせようとする人がいる。

そういうとき、私はマイナスの意見を言っている人にジャッジを突きつけるという手法を採っている。たとえばある企画について「それをやってはダメだ」という意見を出してきた人がいたとする。そういうときに「やらないというあなたの意見で決定していいですね？　それで全体に周知します」と言うと、「それはちょっと……」と意見を引っ込める場合が多いのだ。

ＮＯを決めるのもジャッジの１つ。中止を決めるのは大きな決断になる。責任を取る覚悟がない人に、そうやって暗に「じゃあ、静かにしてください」と突きつけるのだ。こういうことは会社員でプロデューサーという仕事をしていると、しょっちゅう起こる。

ただ、正解ではなく不正解の捨て案が企画を進めるときがあるから、マイナスな意見もときには役に立つことがある。

正しい企画やアイデアを最初から思いついたとしても、それが本当に合っているのかはなかなかわからない。そういうときに必要なのは〝正しくないもの〟。周りをそれで埋めていくと、正しいことが浮かび上がってくるのが最近になってよくわかってきた。

特に本当の正解を探したいと考えているクリエイターと仕事をするときは、「ＡとＢは違うから、最終的にＣが正解だ」という導き方をすると理解してもらえる。１つしか見てないときはダメな案に見えるのに、もっとダメな案が並ぶと、最初の案が輝いて見えることがあるから、不思議だ。

アイデアは採用率が高ければいいというわけではない。無数の捨て案があるからこそ正解がわかる。議論が膠着しているとき、私自身があえて的外れな捨て案を出すほうに回るときもある。それが間違っている理由を考えれば、進むべき道の選択肢を1つ塞ぐことにつながる。最善の一手は、消去法で決まるときもある。

ただ、自分だけで納得せずに、「なぜこれがダメなのか?」のプロセスを周りと共有することが大切だ。理解してもらえないとズレが生じ、ゴールに辿り着く頃には取り返しのつかない状態になる可能性がある。

すべての仕事はラジオの生放送と同じ

最初から同じことができていたのかわからないが、即断即決する能力が身についたのは、ラジオの生放送でディレクターをやっていた経験が一番大きい。

生放送中は、パーソナリティが目の前で喋っていることに対して、何かあったら指示を出さなければいけない。間違っていたら訂正をするし、面白かったら面白かったと伝わるようなリアクションも取る必要がある。すべての判断を秒単位でしていて、その最中に音楽をかけたり、ＳＥ（効果音）やジングルを流したりする作業もある。

準備はしているものの、最終的にはすべてがその場で決まっていくから、即断即決する能力はおのずと高くなっていく。ラジオで培ったことをイベントの現場や打ち合わせでも使っていると説明するとわかりやすいかもしれない。要するに全部が〝生放送〟なのだ。

打ち合わせで相手が喋ったことに反応しているのも、ＬＩＮＥやＳｌａｃｋでリアクションしているのも、ラジオの生放送と同じ。ディレクター時代に培われたことを、ラジオの現場から離れても使い続けている。

実はラジオと関係ない人でも、会話中は生放送と同じように無意識に対応していることがあるはずだ。

家族や友達と喋っているときも、それにどう反応するのか人間は常に瞬間的に考えている。私はその精度を上げていく作業をラジオの現場で続けてきたのだろう。やってきた結果として今があるのだから、「即断即決するにはどうしたらいいですか？」と問われたら、「たくさんの鍛錬が必要」という身もフタもない答えになってしまう。

どの現場でもいろんな人の感情の動きがある。敏感になったのも、ラジオのディレクターの経験からだ。ディレクターとして、感情が読み取りづらい人とたくさん仕事をしてきたからかもしれない。

ラジオのパーソナリティ、特にお笑い芸人の方は感情が読めない。普段、人前で喋っているときは、基本的に笑いを取るためにキャラクターを演じている部分が強い。ときにはまったく真意とは違っていても、笑いを取るために思ってもないことをする。そういう人とオフの状態で喋っていても、どこに本音があるのか、なかなかわからない。それを読み取ろうとしてきたから、観察力が深くなってきた。

ちなみに、特に感情を読みづらいのは三四郎の小宮浩信さんだ。『アフタートーク』では「裏ではほぼ喋らない奇人変人」と書いていたが、結婚してからずいぶんと変わって、人と喋るようになった。『ゴースト・オブ・レディオ～バチボコ怖い心霊バスツアー～』の現場でも共演者と喋っていて、感動してしまった。最近は仕事をしても、普通の会話ができるようになって、うれしい。

経験に裏打ちされた感覚を信じる

最近になって即断即決する際に、自分の〝感覚〟を信じるようになった。

経験が増えていくと、その場の感覚だけで判断しても、あとで確認したら、しっかりとした根拠がある場合がほとんどだとわかったからだ。相手から疑問に思われても、改めて言語化して理由を伝えると納得してもらえるから、そういう進め方をするようになった。

嫌な予感がしたら、実際に問題が起こる。Ｓｌａｃｋを眺めていて、ダメなやり取りを感じると、そのあとミスや事故が起きそうになる。そうすると、ミスを発生させている原因を作っている人を見つけられるようになるから、役割分担を変えたり、別の人材を加えたりして対応していく。これもこれまでの蓄積と経験があってのことだろう。第六感のような不思議な話ではなくて、経験があるからこそ感じる予感だ。

新人時代はその予感がないから、ミスを犯す。それでも続けて、「こういうやり方をしたら失敗する」という蓄積をしていくと、肌感覚でわかるようになっていくのだと思う。

かつて、先輩からは慎重派だと言われていた私でも失敗はしたし、反対に〝いてまえ〟精神で考えなしに突っ走ったらうまくいった経験もしている。たくさん失敗し、たくさん成功しないとダメなのだ。

ただ、感覚だけで「これが正解なんだ」と決めつけて喋っている人は簡単に信用しないようにしている。そういう中には〝ニセモノ〟がまざっていることがある。どんなジャンルであれ、本物の顔をした〝ニセモノ〟はいる。自分の能力を大きく見せて、他人の功績を、さも自分の手柄のように語る。簡単に正体はわからないし、私自身も騙されそうになった経験がある。これればかりは直接的に仕事をしてみないとわからない。

自分がすべてのアイデアを考えて、すべてを決めていくことなど無理な話だ。当然、サポートは必要で、有効な案を出してくれる人や補助をしてくれる人を集めていくことが大事になる。1人でできることは決して多くない。即断即決しながらも、しっかりと人を見て、仲間を増やしていくことが何よりも大切だ。私が携わったどのプロジェクトにも、優秀な仲間がいて、そのおかげで成功できた。

「情報」と「状況」の共有を怠るな

「情報」と「状況」の共有と言っても、話は実にシンプルだ。

よく言う話だが、いわゆる報告・連絡・相談、〝ホウ・レン・ソウ〟さえちゃんとやっておけば何も問題もない。なのに、なぜか人はそれを怠ってしまう。スピード感を持って、ホウ・レン・ソウを徹底すればいいだけなのに、毎回問題が起きてしまう。

『あの夜を覚えてる』で小御門くんが台本を大幅に書き換えて大問題が起きたことは1章でも書いた。なぜ状況がひどくなったかというと、小御門くんが共有を怠ったからだ。

他の脚本家とも仕事をしているので、今はなぜ彼がそういう状況になったのか理解できる。もちろん人によって違うのだが、批評家気質と自己愛が強い脚本家は、その批評精神を自分の作品にも向けてしまう。そうして、締め切りを過ぎている状況でも、自分の作品が誰かに共有するほどのレベルに達していないと勝手に自分でジャッジしてしまうのだ。結果、作業が進まなくなり、時間ばかりが過ぎていく。まさに悪循環だ。

ただ、この締め切り問題は、脚本家に限らず〝クリエイターあるある〟だと思う。クリエイターは誰しも「これを誰かに見せてしまうと、このまま決定して進んでいってしまうのでは？」という恐怖心を抱えている。スタッフ側はたとえ3割しか完成していないとしても、その時点で共有してもらえると進行できる作業があるので、本当に助かるのだが、本人は「こんなもの人に見せられない」と出し渋ってしまうのだ。

私が担当しているポッドキャスト『林士平のイナズマフラッシュ』に脚本家の野木亜紀子さんがゲストでいらっしゃったが、「締め切りよりも遅れそうなときは、早めに遅れますと伝える」とおっしゃっていた。その考え方は素晴らしくて、みんなそうするべきだと思った。素直に「間に合いません」と早めに言うのも情報共有なのだ。これを読んでいる小御門くんには、ぜひ見習ってほしい。

少人数のチームならば、ギリギリまで作業をしていてもまったく問題ない。しかし、企画が巨大になればなるほど、問題は複雑になる。関わる人数も多いから、初めて仕事をする相手も出てくるし、お互いのやり方がわからないから、早めに共有して、対策を取っていく必要がある。提案するにしても時間がかかる。

締め切りを破ると、その作業がすべて遅れてしまうのだ。大人数で仕事をしたことがないと、その重要性をわからないことが多い。ラジオのスタッフもそうだが、いつも少人数でやっていると、そこに気づけないままになってしまう。

「情報が100%行き渡ることはない」という前提

イベントを作る上でいつも考えるのは、「共有すべき情報が全員に100%行き渡ることはない」ということ。

そもそも制作段階でイベントに関わっている全スタッフで喋る機会なんて一度も訪れない。オールスタッフミーティングと言っても、スケジュールの都合で参加できない人は出てくるし、誰かが欠けてしまうのは当然の話。演者も全員揃って、スタッフも全員集まって、みんなで打ち合わせをしようなんて機会は訪れない。

唯一それができるのは直前のリハーサルのときだけ。だから、その前に情報を細かく共有して、懸念点を潰していく作業が必要になる。いくらツールが発達していても、見ていない人はいる。だから、〝伝わっていないかもしれない〟ということを前提に準備しつつ、共有を100%にするつもりでいないといけない。

初めてライブイベントに関わる場合、「100点満点を取れる」と勘違いしている人が多い。TVや映画、YouTubeなど編集を前提とするエンターテインメントに携わってきた人たちは、撮影した素材を編集することで100点に限りなく近いところまで持っていけるからだ。ラジオの収録番組もこれにあたる。

ライブの場合、ミスは起こるし人数が多いから共有しきれないし、状況も常に変わるから、まず100点は取れない。それを前提にした上で、それでも100点に近いところまで持っていけるように準備をするのが正しい進め方だと思う。だから、ある時点で「これから先は情報の共有をしきれないから、変更をしないほうが逆に全体のクオリティが上がる」というジャッジを毎回していた。

リハーサルが最後の共有となるが、一緒に仕事をしている舞台監督の岡本祐次さんは毎回必ず「本番でやることはすべてリハーサルでもやる」と言っていた。ミスを減らすためだ。そうしても、一発勝負の本番でミスやトラブルはゼロにはできないから、クオリティ的には90点から95点ぐらいになるまで持っていければ御の字だ。そこまでいければ、観客にはわからないレベルなので、満足していただける。

本番では必ずと言っていいほどアクシデントは起こる。ただ、生のライブが面白いのは、そうやって完璧を求めてみんなで頑張っていると、たまに奇跡が起きて、１２０点を叩き出すことがあるのだ。『あの夜を覚えてる』でも狙っていない偶然が起きた。台本にはないのに、最後に千葉雄大くんが観客からのメールを読むシーンで、その場で読んだ内容に感極まって泣いて、１００点を超す奇跡の演技をしてくれた。これが生の醍醐味だ。大変だけど、たまにこういうことが起こるので、本番の力は面白いと毎回思う。

イベント制作の現場では、伝達する過程で問題がよく起こる。あるセクションで何かトラブルが起きて、「これはやめておこう」という話になったとする。ただ、人を介してその話が伝わっていくと、「なぜ」の部分が抜け落ちてしまうことが多々ある。たとえば、演出的にはとても重要な要素だったとしても、理由がなく「やめる」と伝わってしまうから、それを知った演出側が「勝手になくされた」と、怒ってしまう場合もあった。

ただ、改めて理由を聞くと、物理的にも技術的にも絶対にできないから、とのことで、それを聞けばみんな納得する。これも共有ができていないから起こることだ。

誰かが怒っているときは、明らかにコミュニケーションの齟齬が生まれている。たとえシンプルなミスが原因でも、謝らないと和解はできない。これも結局はコミュニケーションが足りていないから起こる。プロデューサーは共有を促しつつ、そんな感情的な部分も整理していかないといけない。

とかくイベントは最後に「いろいろあったけど、まあ、よかったね」で終わりがちだ。「よかったね」ではなく、ちゃんと問題を洗い出していかないと、次にはつながらない。サークル活動ではない。観客に今できる最高のエンタメを届けるのが、プロの仕事だ。

予算を管理して売り上げはしっかり黒字にする

イベントではプロデューサーがさまざまなジャッジをする立場であることは書いてきたが、予算面についてもそうだ。

演出家が「照明をもっと豪華にしたい」と考えても、彼らは予算権を持っていないから決定できない。予算に関する権限を持っているのはお金のリスクを背負っている主催者であり、それを任されたプロデューサーだ。

演出する立場で予算権まで持っていると、自分の中ですべてを差配できるから、作業が格段に早くなる。だから、私はプロデューサーと演出の両方をやることがある。

それは極端な例としても、プロデューサーが少なくとも演出のことを理解していると、本当にそれが必要かどうかわかるようになる。先ほどの例で言えば、照明を本当に変える必要があるのかジャッジできるようになる。費用だけを理由にNOと言ってしまうと軋轢が生まれるが、理由まで説明すると理解はしてもらえるし、演出的にあったほうがクオリティが上がると判断できれば、予算を割くことができる。この部分でも共有は必要だ。

私の経験や周りの状況を見ると、総じて自分が〝やりたいからやった企画〟は収益的にもうまくいかないことが多い。

プロデューサーのやりたいという気持ちが前面に出て、想いが強すぎると、冷静な予算管理ができなくなってしまう。いかに客観性を持って一歩引けるかが大事なのに、判断が甘くなる。たとえば、演出家に心酔してしまって、企画に前のめりになっていると、要望を断れなくなってしまう。

だからこそ、先ほども書いたように演出を理解することが大事。それを理解しないとジャッジできないから、言われるがままに、予算を増やしてしまう人もいる。

もちろん理解しているからこそ入り込みすぎて、予算がかかることを際限なくやってしまうのもダメだし、だからといって、予算ばかりに目がいって、演出的に必要な部分まで削ってしまうのも、全体のクオリティとチームのモチベーションを下げる要因になってしまう。クオリティと予算の両方を守るバランス感覚が大切だ。

情報のコントロールでリスクヘッジ

第1章で述べた通り、私の場合コロナ禍の真っ直中でプロデューサーになったから、最初はそもそも使える予算が少ない状況からのスタートだった。

感染対策のため、会場の座席も半分に制限されていたから、売り上げも低いし、経費も抑えなくてはならなかった。

ただ、コロナ禍の一番苦しい状況で作った予算をベースに、それ以降のイベントも計画していたから、そのあとはとても利益が出しやすかった。これは怪我の功名だった。

私がイベントをプロデュースする場合、会場のキャパシティにもよるが、全体のおよそ7割以上の席が埋まれば黒字になるような想定にする。そこにグッズや配信、企業の協賛などが加わればさらに利益が出る。配信のチケットはイベント前日や当日、そのあとのアーカイブ配信期間が一番売れるので、売り上げが読めないからあてにせず、グッズも含めてあくまで保険だと考えている。もちろん、チケットが完売すれば大きな利益になる。

厳しい状況でプロデューサーをはじめたからこそ、チケットが売れなかったときの対応はスピード感があるほうだと思う。常にそうなることを前提にスケジュールを組んでいた。

『オードリーのオールナイトニッポン in 東京ドーム』は事前にイベントの詳しい内容を発表していない。だが、それはチケットが売れなかった場合を想定して、発表すべき情報を取っておいたのだ。情報を小出しにしようと計画していたが、初動がよかったため、最終的にライブの面白さを最優先にして、公開しない形になった。

チケットの売れ行きが悪い場合も想定して、「ゲストを早めに発表しよう」「内容をもっとわかりやすく告知しよう」といった対応を二の矢、三の矢まで事前に考えておく。これはどんなイベントであれ普通にやっていること。

どんなに準備をしていても、最終的にはどうなるかわからない部分は絶対にあるので、リスクヘッジは必ずしておく。

チケットの売れ行きが悪くても、その情報の共有を欠かさないのも大事な部分。特に会社の中で仕事をしていく上では、早めに「このぐらいの赤字が出そうです」と社内で共有をしておくことが大切だ。

先に自分からその話を報告し、状況を説明する。その上で「他の企画で利益が出そうだから、このまま進行しようと思います」「厳しそうなので、予算を縮小する方法を探ろうと思います」などとこちらから先に伝えるよう意識していた。

周りから指摘されて、詰められてからでは遅いのだ。そうやって伝えたことが功を奏して、売り上げが伸びたり、上司のアドバイスで改善したこともあった。マイナスこそ早めに共有するべきだ。

クリエイターへのギャラの考え方

予算管理はスタッフや出演者へのギャラ（ギャランティ）についても含まれる。売り上げを還元していかないと次につながらないので、イベントが成功するたびにギャラを上げていくように心がけていた。

頑張ったぶん、成果が出たのであれば、それを周りに還元するのは、数年先を見据えたら、業界のためになる。利益が上下する仕事なのだから、支払えるときにしっかりと支払うのは基本だと考えている。

私の企画の場合、配信の売り上げも可能な限りSNSなどでオープンにしている。そのほうがチームのモチベーションが上がるし、さらなる売り上げにもつながるので、全員に知ってもらえたほうがいい。

金額という目に見える形で評価してもらえば、誰しも「ありがたいから次も頑張ろう」という気持ちになる。私はルールをフェアにして、スタッフのモチベーションを上げていった。

目先のことばかりにとらわれず、しっかりとスタッフたちに還元することがエンタメ業界の発展になるはずだ。

高カロリー企画を複数同時に走らせる管理術

プロデューサーになってから、複数の企画を同時進行することは当たり前になっていたが、特に多忙を極めたのは、２０２３年の2月頃だ。

第1章で取り上げたが、私がプロデューサーを務めた『東京03 FROLIC A HOLIC feat. Creepy Nuts in 日本武道館 なんと括っていいか、まだ分からない』は3月4日、5日に日本武道館で行われた。コントを基盤にしているイベントだが、演劇要素や音楽ライブ要素もあるので、１ヶ月ほど稽古とリハーサル期間があった。

同じ3月にオールナイトニッポン55周年記念公演として開催されたのは、舞台『明るい夜に出かけて』。3月12日～25日に本多劇場で行われた。

『アルコ&ピースのオールナイトニッポン』のリスナーを主人公にした佐藤多佳子さんの

小説『明るい夜に出かけて』については『アフタートーク』で詳しく書いたが、その作品を舞台化したもの。数年前から相談を受けていた企画で、監修という立場で関わることになった。プロデューサーほど負担はないと説明されていた。

稽古期間は重なるものの、本番日は離れており、それならば大丈夫だろうと思っていたが、そこにさらに加わったのが舞台『背信者』だ。ニッポン放送とノーミーツが組んで、本多劇場で3月3日～8日に行われた。

この作品は『明るい夜に出かけて』が行われる本多劇場の直前のスケジュールが空いているとわかり、ニッポン放送が会場を押さえて生まれた企画。私はスケジュール的に関われる状況ではなかったので、「参加できません」と上司に伝えたのを覚えている。

だが、いざフタを開けてみると、ノーミーツ側から「石井さんに参加してもらえないとできない」という話が出てきた。「できる範囲でなら協力する」と話したが、キャストブッキングや脚本の打ち合わせにも参加することになり、徐々に企画の中心に絡むようになっていく。気づけば3つの舞台の稽古をハシゴする状況になってしまった。

ひとまずGoogleカレンダーに色分けして稽古スケジュールを入れてみたが、3つが同じ日の同じ時間に並んでいて、「さて、どうしたものか?」と頭を悩ませた。ましてや、『オードリーのオールナイトニッポン in 東京ドーム』の開催発表を3月18日に控えていて、その準備もある。かなり追い詰められた状況だった。

自分で決めた仕事だけでなくて、会社の事情でやらなければいけない仕事が加わり、スケジュールがひっ迫していく。会社員の限界を感じたのもこの頃だ。

まず考えたのは、稽古場間を移動するタクシーの中でオンラインの打ち合わせをすること。移動中に時間が合わない場合は、稽古場の外に出て、〝青空オンライン会議〟もよくやっていた。もちろん稽古時間の前にも後にも打ち合わせが詰まっていた。

これまで書いてきたように、イベントの現場で問題が起きるのは共有がうまくいっていないから。すでに経験を積んでいた私は、未然に防ぐべく、AP3人を自分が参加できない現場に派遣するようにした。4人で出席簿のようなものを作り、まずは私がその日どこに行くかを決めて、参加できない現場にAPを配置する。そして、その日の稽古が終わった時点で、何が起きたか、確認事項がなかったかを報告してもらう。そうやって常に問題点をすくい上げていた。

3つの現場をハシゴするのは大変だったが、別々の演出家の稽古を同時進行したからこそ勉強になった点はたくさんあった。私の役割もそれぞれの現場で変わるから、あらゆる状況で対応できるような能力が身についた。

疑問に思ったことが別の現場で解消して、それを還元できたこともあった。私目線としては相乗効果を与えられた気がする。

考えてみれば、ラジオのディレクター時代も同じようなことをしていた。話している内容をパーソナリティ同士で共有することで、オールナイトニッポン全体につながりができて、相互作用で番組が活性化した。

最近は課題にぶつかったときは、同じ業界だけでなくて、他ジャンルの人とも情報を共有し、たくさんの方法論を知った上で、最善の策を探すようになった。こういう考え方になったのも、同時にいくつもの企画を進行する経験をしてきたからこそだ。

仕事のマンネリからの脱却

仕事をする人間には2つのタイプがある。

ルーティンワークを続けて突き詰めていく職人タイプか、新しいことをやるのに快感を覚えるタイプか。私は後者のタイプで、どのようにマンネリから脱却できるかをいつも考えている。

私がやりたいのはマニュアルがないこと。新たな挑戦をするように意識すると、仕事のマンネリは防げる。『あの夜を覚えてる』の続編として、2023年10月に公演した〝舞台演劇番組イベント生配信ドラマ〟の『あの夜であえたら』を作ったときもまさにそんな感覚だった。

前作の時点でも画期的な企画だったが、それが終わった直後に「これをもっと新しくするにはどうしたらいいか？」と考えた。そして、「東京国際フォーラムのホールAで、観客を入れた上で配信もやる」ということを思いついた。言語化するならば〝配信企画を有観客でする〟という、言葉にしても意味のわからない試みだ。

「あの夜」はノーミーツのアイデアだったが、今回は私が発案者の企画。言い出しっぺである以上、責任を取ろうと思い、方向性や道筋についてはさまざまな意見を出した。今回は架空のラジオ番組を先行して本当に作り、その上でイベントを開催する形に決めた。

ラジオ番組イベントが主題だから、ラジオ業界の〝あるある〟も加えて、この本の中で書いてきた「外部の人とちゃんとコミュニケーションを取らないと番組イベントは作れない」というところまで物語に入れ込んだ。私の想いがすべての登場人物に乗っていて、まるで〝過去の石井〟と、〝今の石井〟と、〝未来の石井〟が並んでいるようにも思えた。脚本の小御門くんが、私との対話の中で、思いを物語に乗せてくれたのだ。ちなみに、小御門くんは、脚本の変更をするときは、共有するようになっていた。人間は成長する。

前作は「ラジオは最高で素晴らしいものだ」で終わっていたけれども、今回は「けれども、こういう課題がある」という問題提起まで踏み込んだ。自分としてはラジオマンとしての集大成という感覚が強い。番組イベントとは何をやる場で、リスナーは何を受け取り、作り手はどんな気持ちになるのか。それを説明する内容になった。この企画も若林さんに見てもらえたのは、そのあとの東京ドームにつながる出来事だったと思う。

イベントに向けて、架空の番組『綾川千歳のオールナイトニッポンN（ニュー）』を実際に9ヶ月間ポッドキャストで配信したが、「それを聴かないと楽しめないんじゃないか」という声が出てしまい、聴かなくても楽しめるという部分がうまく伝わらず、バランスの難しさを感じた。

届いた感想には「メチャクチャ感動した」という声がある一方で、「すごいものを見たけど、すごすぎてよくわからなかった」という意見もあった。作品自体は面白いものになったけれど、それを120%伝えるには、もっと違うやり方を考えるべきだったかもしれない。「新しくて面白いもの」を作るのと同時に、「それを伝える方法」を改めて考えることとなった。

それでも、優秀なスタッフが尽力してくれたおかげで、自分なりの最適解を形にすることができた。関わる人たちは不安を覚えるし、とんでもない苦労をするが、そのぶん成長したという実感を持てるのではないだろうか。

同じような企画を繰り返しやっていると人は成長しない。新しいことに挑戦したほうが伸び率は圧倒的に高い。大変な企画を乗り越えたあとなら、別の企画に挑んでも「あれに比べたら簡単だな」と思うようになる。

慣習を変えてモチベーションをキープする

仕事をしていて楽しいと感じることを続けるのも重要。仕事をしていて、私はどんなときに〝楽しい〟と感じるのか。準備をした状態で本番を迎える瞬間を一番楽しいと感じているのが最近わかってきた。本番の真っ最中よりも前日や開始寸前のほうが興奮状態にある。なぜそう感じるのかというと、「どうなるか予想がつかない」という不安定な状況にあるから。

やったことのない企画は、実際に形にしないとわからない要素が多い。だから最後まで楽しめる。この理論で話を進めると、失敗しても本当はいいのではないかと考えてしまう。ラジオの生放送をやってきた人間だからなのか、失敗する可能性がないと魅力を感じづらくなってしまう。

振り返ってみればこれまでの人生がそうだった。私の人生が大きく動き出したのは、大学を卒業して、就職せず1年間バイトをして、放送系の専門学校に入学した瞬間。大学を出て就職するという普通のルートから外れたとき、とてもワクワクした。会社を辞めたときも興奮している自分がいた。

新しいことにチャレンジするのは、会社員としてモチベーションを保つために使える考え方ではないだろうか。「こうしたら少しは新しくなるんじゃないか」と考えられたら、テンションは上がる。フリーランスならば、お金という対価があるからプロ意識が芽生えるけれども、会社員は給料が変わらない。そのぶん、そういう気持ちを持つことで、モチベーションにつなげるのが有効になってくる。

別に斬新である必要はない。先輩がやってきたやり方をまったく同じようにやっても楽しくないから、自分の考えで少しだけ変えてみるだけでいい。

そして、もし挑戦したいことが思いついたならば、絶対にやったほうがいい。チャレンジングな企画ができるのは会社員だからこそ。社員のメリットは、失敗しても許される部分だ。

お金のリスクを自分で取らなくていいし、予算が大きくても会社のお金で実行できる。たとえ自分が病気で休んでも、他の社員が穴埋めしてくれる。仕事を覚えるにはいい環境だ。会社がお金を払ってくれるし、人的コストも担ってくれる。

だから、会社員なのに、失敗を恐れる意味が正直わからない。上司に怒られるだけで済むなんて最高ではないか。失敗を怒る上司など無視すればよい。

自分でやった場合、人生そのものが破綻する可能性がある。だから興奮するという話もあるが、会社員であるうちに無責任に好きなことをやってみたほうがいい。

自分のインプット方法を研究する

最近、いろんな場面で「インプットはどんな風にしているんですか？」と質問される。今はエンターテインメント過多の世の中。そういう時代にどうやって摂取するコンテンツを決めればいいのか。みんなが同じような悩みを持っている。

いろいろなクリエイターにインプットの話を聞くと、共通しているのはとにかく学生時代にたくさんの作品に触れていること。特に物語を作るエンターテインメントに関わっている人……脚本家や漫画家、演出家といった職業の方は、絶対と言っていいほど学生時代にとんでもない量の映画やドラマ、小説、漫画に触れている。

「もう学生じゃないんですけど」という人もいるだろう。社会人となり、〝仕事で活かすインプット〟を考えるようになる頃には、学生時代のように自由な時間がなくなる。年齢を重ねると、脳の容量的にもインプットを増やせなくなる。新しい作品に触れても「要はあれと同じ手法だな」と経験則でわかってしまう。感動する量も確実に減ってくる。そういう人にとっての良いインプット方法を案内する。

それは自分自身の「好き」「面白い」を最優先させて、心が揺れ動く作品に触れること。そして揺れ動く幅が広いほどインプットにつながる確率が高い……という説を唱えている。一周回って当たり前のようだが、いろいろ試してみた末に「自分が感動した作品がインプットになる」と思い実践している。「え、それって普通じゃない？」とお思いでしょう。どういうことか説明します。

長期間の〝フリ〟が自分自身に感動を巻き起こす

最近、一番感動してインプットになった作品は２０２４年11月に公開された映画『室井慎次 生き続ける者』だ。「踊る大捜査線」シリーズでは12年ぶりとなる新作で、10月公開の『室井慎次　敗れざる者』から続く二部作。もちろん「敗れざる者」を観ていた私はとにかく公開を楽しみにしていて、初日の初回を予約して映画館に観に行った。

もうこの本が出る頃にはネタバレを書いても許されるだろう。が、一応書いておきます。
※このあと「踊る大捜査線」シリーズの重大なネタバレを含みます。ご注意ください。
今作は柳葉敏郎さん演じる室井慎次の死を描いている。脚本を務める君塚良一さんが「室井慎次の最後を書きたい」という想いで作った作品で、その通りに室井は死ぬ。私は室井が死んでしまったという大きなショックを引きずりながら、最後のエンドロールをぼんやりと見ていた。

しかしエンドロールが終わったところで、印象的なドラムソロからシリーズを代表する曲の1つ「C. X.」が流れてきた。まさか……。そして、見覚えのある緑のコートを着た織田裕二演じる青島俊作の後ろ姿がスクリーンに映し出される。それを見ていただけで涙が流れてきた。

映画が終わったとき、私はひとり立ち上がって拍手をしていた。映画館を出たあと、Amazonで青島モデルのコートを購入して、次作に備えてテンションを維持している。

つまりこういうことだ。私は学生の頃から「踊る大捜査線」シリーズが好きで、TVドラマからずっと追いかけてきた。2012年に公開された映画『踊る大捜査線 THE FINAL 新たなる希望』のあとも、ずっと復活を待ち続けてきた。それがすべてこの瞬間を味わうための〝フリ〟になっていたのだ。

エンターテインメントを面白いと感じるのは〝フリ〟があってこそ。しかも、自分の人生そのものがフリになっているのが一番いい。これはインプットの効率を考える上で1つの答えだと思う。フリが長ければ長いほど、心も大きく揺れ動く。今回の『室井慎次 生き続ける者』も過去作を見ていた人のほうが当然楽しめるし、感動するはずだ。

『あの夜であえたら』の反省点として、前提となる要素が多すぎたというのは前の項でも書いた。でも、フリがあればこれだけ感動できるということは、『あの夜であえたら』も期間を空けてから熱中した人たちに見てもらえたら、さらに面白いものができたかもしれない。

「ただ面白い」というのは溢れている。それだけではいけない。特に歳を取ってからは、過去の文脈や「自分が好きだった」というフリを重視するのは、効率を考える上で意味のある考え方かもしれない。

もちろん新しいものには触れたほうがいい。ただ、同時にセンスは鈍っていく。音声コンテンツを中心にしている私の場合、狭いところを狙っているから、広く伝わらなくてもいい。リスナーと一緒に生きていくコンテンツだからこそ、狭いところに刺さる手法が大切だ。それにもこの考え方は合っているように感じる。

自分の考えを実践すべく、私は地元埼玉のプロサッカーチーム・浦和レッドダイヤモンズ（以下、レッズ）の試合を見に行くようになった。「子供の頃に見ていたものにまた触れたくなったから」ではない。将来、レッズが優勝したときに感動したいからだ。

２０２３年にプロ野球で阪神タイガースが優勝したとき、なぜあれだけファンが熱狂して、感動を生んだのか。それは優勝から遠ざかっていた18年間（日本一だと38年間）、諦めずに応援していた人がたくさんいたから。一生応援し続けても、数えるほどしか優勝できないからこそ、人の気持ちが集まり、あれだけの興奮を巻き起こす。それならば、レッズの試合もずっと見ていったほうが絶対得ではないか。そう今は考えている。

現状、レッズは強いとは言えないチーム状況だが10年後、20年後に優勝したとき、私は心の底から感動できるだろう。自分が長年見てきた選手が決勝ゴールを決めたときの興奮はすさまじいに違いない。こういう経験がインプットになり、人生を豊かにするという仮説をもとに今は行動をしている。

それともう1つ。影響を受けた人から学んだことは、素直にやってみることが大事だと思う。みんな「どうしたらもっと仕事ができるようになりますか？」とか、「どうしたらいいものが作れますか？」などをよく他の人に聞くけど、結局言われたことをやらない人が多い。やればいいだけのことなのに。

ちょっとしたことでも、私はとりあえず「やる」ほうを選ぶようにしている。林士平さんにインプットの秘訣を聞いたときも、「Kindle Paperwhite」がすごく良くて、本が読めるようになると言っていたので、ちょっと値段は高いが、すぐに買った。そうしたら、実際に前より本が読めるようになった。これだけのことでも、やるとやらないでは全然違う。はい、今すぐ、Kindleを買ってください。

滔々と 対談 ―― 咄

PART 02

佐倉 綾音

声優

（さくら・あやね）

「自分を信用しない。誰かの評価を信用したい」

数々の人気アニメで活躍する声優・佐倉綾音は、石井とともに『日刊 佐倉綾音～天才・天久鷹央になる100日間～』を制作した。なぜ100日連続配信という前代未聞の企画に挑んだのか。その裏側には彼女らしいこだわりがあった。

心を開かないプロデューサーと事務所から怒られていた声優

石井　この本が発売される頃には一緒にやっている『日刊 佐倉綾音～天才・天久鷹央になる100日間～』も終わっているでしょうけど、最近は収録で週3回ぐらい会っていますよね。

佐倉　石井さんが私に飽きているな、という顔をしているときがあります（笑）。

石井　佐倉さんとは『東京03 FROLIC A HOLIC (feat. Creepy Nuts in 日本武道館)』で一緒になりましたけど、座組が大きいからほとんど関わりがなかったじゃないですか。打ち上げでちょろっと喋ったぐらいですよね。打ち上げでは春日（俊彰）さんが僕の横に座って離れなかったんです（笑）。そうしたら、隣に佐倉さんが吉住さんと一緒にいて、「こっちに座ったらどうですか？」と言ってくれて、席を変わってくれたんですよ。

佐倉　それは覚えています。

石井　それで僕は東京03さんと喋れたんですよ。あれはうれしかったです。

佐倉　私の場合、石井さん好きのマネージャーがいるんですけど、「石井さんってすごい人なんですよ」と教えてくれたから、それを鵜呑みにしていて、ちょこちょこ遠目から見ていました。ただ、石井さんは人を使う側じゃないですか。私は使われる側だから、「使われたいと思って近寄ってくるんじゃねえ」と蹴られる可能性もあるので、怖いなと思っていました（笑）。

石井　そんな人います？

佐倉　いないか。石井さんは賢い印象がありすぎるし、「会うたびに品定めされているんだ。これは終わりだ。もう煮るなり焼くなり好きにしてくれ」というネガティブなイメージのほうが強かったです。

石井　全体的にプロデューサーに対しての偏見がすごいですね（苦笑）。僕の中で佐倉さんは〝春日地獄〟から助けてくれた人というイメージがあったんですけど、「100日間連続でラジオをする」という企画をオファーしたら、「やる」と返答が来たんで、「これはイカれてるな」と思いました（笑）。本当に何なんですか？　声優という仕事に飽きてます？

佐倉　そんなことないですよ。なんでそんな返事をしたかというと、私がデビューした15年前の新人声優は地下アイドルみたいな扱いを受けていて、なんでもやらせていいし、使い勝手がいいほど重宝されて褒められるみたいな業界だったんです。今はアニメーション文化が一般層にも浸透して、だいぶ地位が上がった感覚がありますが。

石井　いわゆるオタク文化の中にいた感じですか。

佐倉　そうです。新人だった私はそういうことに最初から抵抗があって、過度な露出は「やりません」とNGにしまくって、事務所から怒られているタイプの人間でした。

石井　そうなんですか？　一緒にラジオをやっていて、NGがなさすぎて引いてましたけど……。

佐倉　たぶん石井さんの印象は、声優業界から見た私と乖離していると思います。

石井　本当は面倒臭い声優なんですね（笑）。

佐倉　そこまでではないです（笑）。……石井さんって、初対面でも、だいぶ交流が進んでからも、ずっとこのニュートラルな対応なので、不思議な人ですよね。

石井　心を決して開かないです。

佐倉　初対面でこの調子だと「私のこと嫌いなの？　好きなの？　どっちなの？」という感じになりますし。

石井　それで言うと、好きでも嫌いでもないです。

佐倉　正直、一番ありがたい距離感です。本当にフラットですね。

一番ありがたい距離感です。石井さんはフラットですよね。

“好き”と“馴れ合い”の狭間でバランスを取る

石井　だって仕事ですよね？　昔から意識していますけど、「好きだから一生懸命やる」とか、「嫌いだから手を抜く」とか、そういうことをやらないのがプロだと思って育ちました。でも、佐倉さんもそういうタイプじゃないですか。アフレコ現場で馴れ合わないって言ってましたよね？

佐倉　ちょっと待ってください、言い方が悪いなあ（笑）。仕事をしに来ているから、わざわざ大はしゃぎはしないというだけですよ。石井さんはこうやって、しっかりツッコんでくるし、おかしいところはおかしいと指摘してくるじゃないですか。そういう人ってあまり声優界にいないので、とても新鮮だし、助かっています。

石井　アニメの仕事をしている人って、基本ベースがアニメ好き、声優さん好きじゃないですか。そういう人たちに囲まれているんだろうなと何となく感じていました。僕はアニメを見ますけど、すごい好きなわけじゃないですから。「オールナイトニッポン」を作っていた頃は〝ファンになっちゃいけない〟というルールでやっていたんです。ファンになっちゃうと、何でも面白くなっちゃいますし、それこそ馴れ合いになるじゃないですか。つまらないのに「面白い」と言っちゃう感じになるのはよくないですよね。

佐倉 ラジオをやっていて、私もそこはずっと壁を感じています。内輪ノリも好きなんですけど、ある意味、コンテンツ退化の原因でもあり、新規が入りにくくなるものでもあるので。

15歳から思っていたわけですよね。気づくのが早い。

石井 バランスだとは思います。僕はそういう仕事の仕方をしたんですけど、若林（正恭）さんや星野（源）さんと仕事をしていくと、それだと通用しない部分が出てきたんです。腹を割って、グッと気持ちを入れてやらないといけない瞬間が出てくる。長い付き合いになってくると、そういう仕事の仕方もしますけど、佐倉さんとの場合はまだお互い様子見ですよ。それが怖いんですよね？

佐倉 「あの人、何を考えているんだろう？」と暇さえあれば石井さんのことを考えていた時期がありました。私はエンタメに対するリスペクトが強すぎるタイプなんです。ラジオも好きですし。

石井 それは感じていました。アニメ業界の話ばっかりするとあれですけど、アニメを作っているスタッフはアニメしか見ない人が多いですよね。

佐倉 声優にも多いです。声優・アニメ業界って村社会なので、外を向いていると、後ろ指を指されることもあって。私もどちらかと言えば、声優がマルチタレント化することに対してはアンチ気味なんですよ。専門職でありたいし、技術職でありたいし、役者でありたい。でも、世界的に1つの職業の人が1つのことだけしかやらないという文化がそもそも衰退してきているので。世界全体がマルチタレントブームだからこそ、そのかたくなさって最近はある程度捨てないと、逆に浮くなと感じている部分もあります。

コスプレをNGにしたからこそ新しい活躍の場を探した

石井　アニメのアフレコ現場に初めて行って思ったんですけど、普通の顔出しのドラマのほうが、役者さんの担う部分が大きいですね。アニメってそれ以外の部分が大きくて、声優さんのパートが本当に一部だから、イメージよりも役割が少ないんですね。

佐倉　ただ、そのわりにキャラクターを背負わされる案件が15年前ぐらいから増えていて、キャラクターと同一視されるというか。その役のコスプレをして、表に出てください、とか。

石井　佐倉さんはコスプレNGでしたもんね。

私はアニメで売れる前に、ラジオで人気が出た声優なんです。

SAKURA

佐倉　コスプレNGも活動の最初からなんですよ。でもこれはよかったなと思っていて。途中からコスプレNGにすると、「あいつ売れて調子に乗ったな」とか思われるかもしれないんですけど、私は最初からだったんです。私たち声優って脚本も担当していないし、監督でもないし、キャラクターはアニメーターさんが描いてくれている。最後に声を吹き込むだけなのに、そのわりに……というアンバランスさと申し訳なさを感じていて。リスクが高いというか。そういうことはデビュー当時から考えていました。

石井　15歳から思っていたわけですよね。気づくのが早い。

佐倉　だから、マジで生きにくかったですよ。マネージャーはそんな15歳を理解してくれないですし。

石井　アイドル声優として売ったほうが早いですし、世間はアイドル声優ブームがはじまっていましたし。

佐倉　アイドル作品をNGにして、コスプレもNGにして、「じゃあ、お前には何があるんだ?」と思ったときに、その当時の私は見た目にもまったく自信がなくて、化粧をしたこともなかったんです。声優界の流れを見ても、お芝居だけじゃオーディションに受からないから、「かわいくなかったら、せめて喋れるようになりたい」みたいに考えて。それでラジオでめちゃくちゃ頑張ったんです。もともとラジオは好きでしたし。

石井　これが面白いことに、一緒に番組をやる前に、僕は佐倉さんのそういう話を知らなかったんですよ。

佐倉　私はアニメで声優として売れる前に、1回ラジオで人気が出ているタイプの声優なんです。そのあと、ちゃんと声優の仕事でも忙しくなれてよかったと思っていますが。

石井　以前、星野さんが宮野真守さんに「スターになれるから、いろんなことをやったほうがいい」みたいなことをおっしゃっていて、実際にそうなりましたけど、佐倉さんもそういうタイプなのかと思っていました。

佐倉　マモさんともたまにお話しさせていただく機会があるんですけど、私とマモさんの決定的な違いって、マモさんはもともと顔出しの役者をやりたくて業界に入ってきて、声優として芽が出た人なんです。私の場合、顔出しが苦手で、声優業界に逃げ込んできて、結果的に原点回帰した感じなので、出所が〝陰〟と〝陽〟で結構違うなと。

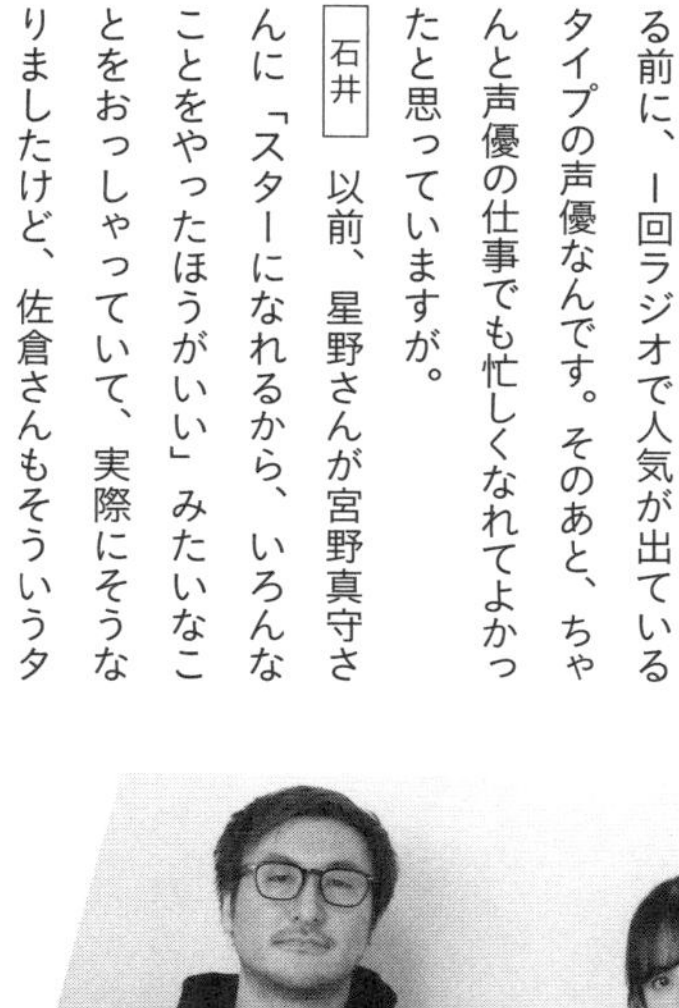

クリエイターに興味はあるけど声優という仕事が好きすぎる

石井　今、他にやりたいことってあるんですか？

佐倉　それが、デビュー当時から目標というものを立てたことがなくて。「佐倉さんは大学を卒業してからじゃないと仕事できないからね」と養成所の先生には言われたのに、高校生で主役をやったりしちゃって、いろいろ追いつかなくて、成長痛みたいな時期がしばらくあったんです。来る仕事をさばくのに手一杯で、そういう状況からはじまっているから、今も目標と言われてもあまりないんです。ポジティブに解釈すると、私を見た誰かが「佐倉さんにはこの仕事が合いそう」とか、「この仕事をしてみてほしい」と評価してくれる部分のほうを信用しているというか。

石井　まだ31歳ですもんね。じゃあ、もうちょいですかね。

佐倉　……それ、なんですか？　怖い話？

石井　怖い話じゃないですよ。今は選択肢がまだ多いから、いろいろな仕事をやっているけど、そのうち、どれもやったことのある仕事になっていくんです。それで「やったことないことってなんだろう？」と考えはじめたときに、「これをやってみたい」というものが見えてくる段階になっていきますから。何か作りたい欲求はないですか？

100日間になると、自分のつまらない部分も全部出ちゃう。

佐倉　声優はゼロイチの職業じゃなくて、1を10にしたり、100にしたりする仕事なので、クリエイターさんに対してコンプレックスもあるんです。ただ、自分がそこに入っていくなら、声優の仕事を少し減らして、重心を分散させないといけない。それにしては声優の仕事が好きすぎるというのもあって。今は声優の仕事の合間に、自分が「この人と仕事がしたいな」と思える人からオファーが来たときは、頑張って受けてみようという感じですね。

100日連続ラジオでの変化　その先に待っているものは……？

石井　話を聞いていると、やっぱり佐倉さんも飽きているんですね。僕も飽きるタイプだから、薄々わかってはいたんですけど。同じことの繰り返しに飽きているから、今回の100日ラジオはちょうどそういうタイミングだったんでしょうね。

佐倉　今回の番組がはじまって、私が妙に感じている手応えというのがあって。自分の中の〝日常面白アベレージ〟が上がっているんですよ。

石井　いいことじゃないですか。"生活がすべてラジオになっていく"という怖い言葉があるんですよ。

佐倉　ただ、さすがにこれでいいのかとも思いはじめています。プライベートで友達と話しているときに、めちゃくちゃ友達を笑わせて楽しませて、「いやあ、会えてよかったわ」と言ってもらえることが多いんですけど、そこで使い切って、ラジオがつまらないこともあって。

石井　そこはちゃんとしてください（笑）。でも、この本が出る頃には100日間の配信が終わっているはずですよ。

佐倉　いや、わからないですよ？

石井　まだ続けようとしているんですか？

佐倉　200日じゃつまらないから、300日ですかね。

石井　いや、100日の次は1000日でしょう。

佐倉　さすがにちょっと日和りました（笑）。

石井　他でもアニラジをやる可能性はあるじゃないですか。そのときはどういうモチベーションでやるつもりなんですか？

佐倉　100日間やってくれる気概のあるスタッフさんと一緒だったら……（笑）。

石井　佐倉さんにアニラジをオファーするときは気をつけてください。「100日間連続でやりましょう」と逆オファーが来ますよ。

佐倉さんにアニラジをオファーするときは気をつけてください。

佐倉 綾音（さくら・あやね）
青二プロダクション所属。2010年に声優デビュー。『僕のヒーローアカデミア』麗日お茶子役、『五等分の花嫁』の中野四葉役、『天久鷹央の推理カルテ』の天久鷹央役など数々の人気アニメで活躍。ラジオにも積極的に出演し、2018年には声優アワードで助演女優賞とパーソナリティ賞を受賞している。

「鳥羽周作さんの圧がすごいのでスタッフに入ってほしいです」とポッドキャストの構成の依頼を受けたんですが、それこそまさにすごい圧での勧誘でした。決して高圧的ではない強い圧。仕事がデキる人の特徴なんでしょうか。

高井均／放送作家

誰よりも危機感を持ちながらラジオ業界と向き合ってきた仕事人間。一緒にラジオをやらせてもらっていますが、会うたびその目の奥に光がないなと思うのは、幾多の失敗と挑戦があったからなのだと思います。

前田裕太／お笑い芸人（ティモンディ）

YouTuberが『オールナイトニッポン0（ZERO）』をする。そんな「正解のない道」の道中で何度も石井さんの背中からその進み方を学びました。進み方というよりも、闘い方かもしれません。石井さんは言葉ではなく、行動で示すので、非常にわかりづらかったので、それが活字で読めるなんて。買います！

カンタ（水溜りボンド）／動画クリエイター

初めて話した時の印象は「すごく正直で話しやすい人」。3回くらい会うとその印象は「すごく正直で敵が多そうだな」に変わりました。ただ俺の周りで活躍している人はほぼ全員「敵の多い人」。それから仕事をするようになり今の印象は……「すごく正直で話しやすい人」です。

オークラ／脚本家・構成作家

第3章

東京ドーム、1つの頂点

『オードリーのオールナイトニッポン』で東京ドームライブをやる

さまざまな経験を積み、私なりの仕事術も見えてきたところで、第3章ではその集大成となる東京ドームライブの話をする。

前著『アフタートーク』で、2019年3月2日に開催された『オードリーのオールナイトニッポン 10周年全国ツアー in日本武道館』について触れている。その最後に「またいつか、やりたいです」と書いたが、実際のところ、終わったときはやりたいと思っていなかった。

自分の中では全力でやりきって、解放された気持ちでいっぱいだったのだ。とにかく大変だったし、プレッシャーもすごかったし、もうやらないと思っていた。燃え尽き症候群になり、結局、1年後にはディレクターを辞めた。

その当時から「次はどうする?」「東京ドームじゃない?」といった外野の声も聞こえ

ていたが、自分は番組を離れるので、15周年となる5年後は別の人が好きにやっているだろうと他人事みたいに考えていた。

それがニッポン放送のプロデューサーになったことで、武道館のライブグッズの再販企画が立ち上がったり、新たにm・iｆｆｙとのコラボグッズや「春日語カレンダー」を担当するなど、『オードリーのオールナイトニッポン』との付き合いが続いた。特に若林さんとは、『佐藤と若林の３６００』をはじめたことで、顔を合わせたり連絡を取り合ったりするようになった。ただ、若林さんと「またライブやりたいよね」といった話になっても、「そうですね、（私はやらないけど）やったほうがいいと思いますよ」とはぐらかしていた。

一方で、社内では「オードリーのＡＮＮ＝石井担当」みたいな空気は動かしがたくあって、番組15周年の前に何かイベントをやりたいという社内事情を受けて、何度か東京ドーム以外の会場のイベント企画が立ち上がっては、実施まで辿り着かずに消えていた。

そうこうしているうちに番組の15周年が近づき、いよいよ準備をはじめなくてはいけなくなった。武道館を超えるライブを作れるのか。これだけ忙しい中で、満足いく働きができるのか。自分の中の葛藤は大きかった。なぜ武道館ライブをやったのが自分だったのか、なぜイベントプロデューサーとして死ぬ思いでいくつもイベントをやったのか、他にやれる人間がいるのか……。そのうち、これまでのラジオ人生はこのためにあったのではないかと、考えるようになった。それに加えて、若林さんとリスナーに恩返しをしなければいけないという想いもある。天啓である。

「やるなら、東京ドームしかない」。自分の中で「ラジオで、若林さんと東京ドームライブをやろう」と腹を括り、自ら企画を前に進めようと決めた。

やると決めたら、さまざまなルールや忙しさに足を取られている場合ではない。上司のもとへ行き、『オードリーのオールナイトニッポン』で東京ドームライブをやるが、イベントの掛け持ちはできなくなるので、他のイベントはやらないようにしたい、その条件でやらせてほしいと伝えた。培ったマルチタスク能力を東京ドームライブに一極集中させたい。

上司の了承を受けて、まずは予算書を作りはじめる。まったく予算感がわからない。社内のどこにも東京ドームライブの予算書などないからだ。形態によるが武道館は8000人規模、横浜アリーナは1万人規模、東京ドームは5万人規模だ。舞台監督の岡本祐次さんやライブイベント運営のプロであるキョードー東京の田中幸治さん、星野源さんのマネージャーさんなど、一緒に仕事をした方で、東京ドームでのライブ経験がある方々に片っ端からお話を伺い、だいたいの予算感を割り出していった。

次に、当時ニッポン放送は東京ドームとつながりがなかったので、会場を押さえる提案のための企画書を準備する。設営や撤収にも時間がかかることを考慮すると1日公演ではどうやっても大赤字で、収益が足りないので、2日間の公演で企画書と予算書を作成した。一緒に「あの夜」を作ったノーミーツのメンバーと一緒に企画を考えた。

そうして、東京ドームに連絡しようと思った矢先に、なんと東京ドームサイドから連絡があったのだ。どういうことか話を聞いてみると、東京ドームがニッポン放送とイベントをやりたいと考えているという。こんな巡り合わせがあるときは絶対に動いたほうがいいので、すぐに会うことにした。

こうして顔を合わせた東京ドームの担当者が、佐々木勇祐さん。ラジオリスナーで熱心なリトルトゥースだった。『オードリーのオールナイトニッポン』で1日、オールナイトニッポン全体で1日、2日間公演の企画を提案された。こちらが用意していた『オードリーのオールナイトニッポン』で2日間公演という企画とだいたいイメージが合致していたので、ぜひやりましょうという話になった。

腹を括った以上、ライブの大成功を目指す

ニッポン放送社内、東京ドームサイド、事務所サイドにも確認を取り、改めて『オードリーのオールナイトニッポン』の東京ドームライブの企画を進めていく。

しかし、番組チームに企画を説明すると、2日どころか1日でも埋まるかどうか……というテンションだった。私はこの時点では東京ドームライブの大変さがわかっていなかった上に、『あの夜を覚えてる』をやったせいで「誰もやったことのないことをやりたい」という気持ちが高まっていたこともあり、「お金のことを考えると2日間公演しかないし、2日のほうが面白いと思うんです」と力説した。

成功例にならなければ、誰もあとに続かない。『オードリーのオールナイトニッポン』が、ラジオが、東京ドームライブを成功させたと広まって、みんなが東京ドームライブを

やれるようになることが最大のアピールになるはずだ。そんな思いを熱弁したが、それでも結論が出ない。赤字になってもいいから1日でいいのではないか、という意見もあったが、それでは、やる意味がない。

番組チームの協力なしで、番組イベントはできない。そんな中、東京ドームからある提案があった。東京ドームでイベントを行う際に最も時間とお金がかかるのは設営。最初にグラウンドにシートを敷いて養生し椅子を並べることや、ステージやトラスと呼ばれる照明などを吊るための装置の設置がある。しかし、部材不足とコロナ禍において人材の減少が重なり、イベントの開催自体が難しい。そこで東京ドームは、この期間はグラウンドの養生や基本のステージを据え置きにして、イベント会場仕様にするという対応を史上初めて行うことにしたそうだ。

これによって、1日でも赤字になることなく、開催できることになった。開催希望日の前後にアーティストのライブが入ることになって、日程も決まった。まだ頭の片隅では「2日にしたほうが大変で、そのほうが作るのは面白いのに」という思いもあったが、狂った意見で同意を得られそうになかったので、1日公演で進行していった。

1日だとしても、当時の動員目標数だった4万5000人が集まるとは思えないという人もいたが、番組を聴いている人の数や過去のイベントとの比較など、いろいろなデータを検証し、4万5000人がチケットを買ってくれると分析した。その裏付けによって各所を説得し、実施の方向でまとめていく。社内では「売れるのか」と幹部に聞かれるたびに、「売れます」と言って回った。もちろん、本当に売れるかどうかは、わからない。ただ売れる確証もないように、売れない確証もない。でも売れるようにするのがプロデューサーの仕事だ。

東京ドームの佐々木さんや、オードリーのマネージャーである佐藤大介さんも腹を括ってくれた様子で、だんだんと「やるぞ」という空気になっていき、最終的に若林さんも「やる」と言ってくれた。ちなみに、春日さんは開催発表まで何も知らない。

そして改めて予算を組んで各所に説明してまわり、東京ドーム、オードリーの事務所であるケイダッシュステージ、ニッポン放送の同意を得て3社共催で、『オードリーのオールナイトニッポン』の東京ドームライブ開催が決定した。ようやくプロジェクトが本格的に動き出し、若林さんも交えて打ち合わせをはじめたのが、2023年の1月だった。

見たことのないラジオイベントを目指して

イベントのタイトルはすぐに決まった。東京ドームで『オードリーのオールナイトニッポン』をやるだけなので、『オードリーのオールナイトニッポン in 東京ドーム』。開催日は2024年2月18日。

大きなチームで大きなプロジェクトを進めていくにあたり、まず気をつけるべきは「意思決定の系統を1つにすること」だ。全体で共有せず、それぞれの立場からバラバラに意見や情報を走らせてしまうと、進行は滞るし、何が正解で何が間違いかもわからなくなってしまう。

そこで東京ドームライブという船の船長を任せてもらうことになった。「その船に俺も乗るよ」と若林さんに言ってもらえて心強かったのを覚えている。基本的な意思決定の系になった。

統を若林さん↕石井、という流れにしてもらったことで、プロジェクトの進行はスムーズ

チーム作りについては、これまで一緒にイベントをやってきたスタッフでオールスターチームを組むことにした。ニッポン放送のイベントを数多く手がけている舞台監督岡本さん、キョードー東京の田中さん、宣伝はACCで出会った関さん、メインのデザインは「あの夜」で一緒にやっていた目黒水海さん、制作は「Creepy Nuts のANN0」のライブを一緒にやっていた大塚健太郎さんや羽端省吾さんなど、番組イベント、あの夜、フロホリ、今まで一緒に仕事をしてきた頼もしいスペシャリストに参加してもらっている。また、「オードリーのANN」のことをよく知っているかどうかもメンバー集めのポイントで、リスナーであるスタッフも多かった。

番組スタッフに加えて、〝チーム・オードリー〟にも参加してもらった。武道館のときもVTRを制作してくれて、オードリーのTV番組に数多く参加している双津大地郎さんや、番組でもおなじみでオードリーとは旧知の仲の水口健司さん、『たりないふたり』などを手掛ける安島隆さんなど、若林さんが信頼するTV業界の方々もディレクターとして

演出に加わってもらっている。後に安島さんには総合演出を担当してもらうことになった。

最初のタスクは、ライブの発表方法やチケットを売るための施策を考えることだ。自分の中ではプロモーションからライブまですべてをお祭りにしたいと考えていて、最初の企画書にもコンセプトとして「お祭り」と書き込んでいる。若林さんも番組内で「男子校の文化祭」というイメージを語っていたと思うが、最終的には「男子校の昼休み」といったよりしょうもない感じでオードリーらしくなった。そうした手作り感はタイトルロゴなどにも反映されていて、最初に鉛筆で書いた手書きっぽい質感のロゴを展開し、そこからロゴに色付けしていくという演出にしている。デザイナーがリスナーだったので、細かい指示も必要なく、制作が進んでいく。

ライブのプロモーションについては、1年かけてチケットを売っていくことになり、2023年の3月18日に東京ドームから番組を生放送し、開催を発表した。東京ドームで発表したいというこちらの希望に対して、ノーと言わない男・佐々木さんが「できます!」と動いてくれたのだ。たぶん無理を言ったのだろうが、深夜1時に東京ドームのスタッフさんが数多く稼働してくださった。何も知らない春日さんがドッキリで知らされたあと、テンションが上がりまくっていたのが、印象に残っている。人間に夢は必要。

続いて宣伝ステッカーを5万枚（最終的には10万枚）配布するという企画を進め、さらに宣伝Tシャツを作った。宣伝Tシャツは若林さんの発案で、デザインのプロセスを番組や動画で明かしながらTシャツを作成し、夏に着てもらえるように販売。２０２３年の夏は、私も本当に1日も欠かさず、毎日宣伝Tシャツを着て過ごしていた。

このように、プロモーションのアイデアは若林さん発案のものも多い。「体を鍛えて体力をつける必要がある」とご自身で課題を挙げて、その過程を発信することでＰＲにつなげたいと提案してくれた。そのため自転車に乗る習慣をつけて体を鍛えていく様子をYouTubeで発信することになったが、動画制作などについても若林さんがチームを作り、別動隊だったので、完全にお任せだった。

こうしたプロモーションが功を奏し、街のあらゆるところで宣伝ステッカーや宣伝Tシャツを着た人を見かけるようになり、ムーブメントのような熱を感じられるまでになった。

正解を確信するための「これじゃない」も必要

宣伝と同時進行で中身も考えていく。ライブの構成については、武道館ライブがもとになっているので、トーク、企画、漫才と、おおまかな構成は決まっている。ただ、具体的な企画内容や演出などについては、一つひとつ正解を探っていかなければならない。

ここは2章でも紹介した「捨て案」が役に立つ。仮に正解の案だとしても、その案しかないと正解であるという確信がなかなか持てないものだ。そのため、遠回りすることになっても「これじゃない」という案も用意する。特に東京ドームライブは武道館のときと違って地方公演を挟まないので、正解の感触やイメージを探る機会もない一発勝負だ。

最終的には若林さんと話して全員で納得して決めていくので、できるだけ決断しやすいよう、「これじゃない」も含め多くの案を用意した。特にプロジェクトの序盤は作家やスタッフのみなさんに無数にアイデアを出してもらったので、本当に大変だったと思う。

舞台制作の面では、音響の課題が一貫してあった。トークや漫才をするには、東京ドームであろうと、音声が聞こえないと話にならないからだ。そこで、いろんなアーティストの東京ドームライブに行っては、「あのグループのトークはなぜ聞こえやすかったのか」「スピーカーの位置やマイクの性能によってかなり聞こえやすさは違うようだ」などと、あれこれ検証していた。

それからも、有名アーティストのライブの音響を手掛ける会社の方にお話を伺ったり、図面や模型を作ってスピーカーの位置を検討したり、オードリーのお二人にイヤモニをつけてもらって幕張メッセや東京ドームでテストをしたりと、あらゆる角度から音響の検証を続けていく。それでも、結果は本番になってみないとわからないので、最後はうまくいくと信じてやるしかない。

また、ステージのサイズ感も検討事項の1つで、これもさまざまなドームライブを見てちょうどいいサイズを探っていく。結果として円形のセンターステージにしたのは『東京03 FROLIC A HOLIC』の武道館ライブと同じくらいのサイズがちょうどいいという話に落ち着いたからだ。フロホリにオードリーに出てもらったのは、ステージのサイズ感の確認と、お笑いを大箱でやるイメージの再確認という意味合いもあったのだ。

石井、目の前が真っ白になる

ありがたいことに東京ドームライブのチケットはたくさんのご応募をいただき、2023年の9月頃には、宣伝からライブの中身に本腰を入れるようになっていく。しかし、私は東京ドームライブだけに集中すると言いつつ、『あの夜を覚えてる』の続編『あの夜であえたら』も担当していて、10月14日、15日の公演に向けて制作は佳境を迎えていた。

東京ドームライブだけでも、若林さんを交えた定例会のほか、演出、運営、制作、宣伝、デザイン、グッズなどの各セクションが、さらには社内で立ち上げられた東京ドームプロジェクトなどさまざまな打ち合わせがあり、そのすべてに参加しなければならない。

午前中に東京ドームライブの打ち合わせをして、昼から晩まで『あの夜であえたら』のリハーサルに立ち会い、またニッポン放送に戻って東京ドームライブの打ち合わせをする。そんな生活を繰り返していたら、だんだん目の前が白くなってきて、明らかに様子がおかしくなってしまった。周囲から「さすがに石井1人でやるのは無理があるのではないか」という話が持ち上がり、そのあと、演出の責任者として総合演出を安島さんにお願いして、私は演出を見ながらも一歩引き、それ以外の部分をすべてまとめる製作総指揮という役目になった。正直ホッとした。TV制作のプロである安島さんの仕事の進め方はとても勉強になった。企画パートごとに担当ディレクターがつくという体制は、大人数でTV番組を作ってきた方ならではのやり方だと思う。幕間のコーナーは甲斐絢子さん、ゲーム企画「チェ・ひろしのコーナー」と春日さんによるプロレスは水口さんと中西正太さん、若林さんによるDJプレイとVTR関係は双津さん、オープニング～入場と漫才の演出は安島さんが担当することになった。また、投稿コーナー「死んでもやめんじゃねーぞ」やエンディングのハイライトなどは番組チームが担当する。

後にゲストとして星野源さんにご出演いただけることになった歌のパートだけは、番組も担当していた私が直接受け持つことになった。これだけでも大変だったが、当初1人で全部やろうとしていたのは、無謀な挑戦でしかなかった。

モチベーションの高いプロの仕事に助けられる

改めて制作体制が整い、『あの夜であえたら』も無事に公演を終えたことで、10月後半からようやく東京ドームライブに集中できるようになった。もちろん、翌年の企画や、ポッドキャスト制作はまだあるが、かなり楽になったといえる。

とはいえ、1つのイベントの中でも、東京ドーム規模になると、マルチタスクをこなさなければいけないことに変わりはない。営業セクションの方々のおかげでたくさんついていただいた協賛企業の協賛メニューを確認する。若林さんからドーム周辺にのぼりを立てるアイデアをもらったので、その配置やデザインを検討する。サイネージの構成やそこで流す映像を検討する……などなど、東京ドームは検討すべきこと、やれることがとにかく多い。さらに、東京ドームシティで開催される「リアル脱出ゲーム」や番組の15周年展示会のチェック。相変わらず目が回るような忙しさだったが、新しい挑戦の連続に同時に楽しくもあった。

もちろん1人でそれをこなしていたわけではなく、各セクションのチーフ的なポジションに入ってもらった優秀なプロたちに助けられていた。

たとえば、グッズ制作は『水溜りボンドのANN0』のイベントでお世話になった山田夏美さんにお願いしたのだが、あらゆるグッズを作れてクオリティも高く、とにかく話が早い。自分で発注して在庫管理をしていたのに比べると雲泥の差で、すごく楽になった。

またスケジューリングについても、優秀なAPである増田沙織さんが全部やってくれる。会議資料をまとめてくれて、進行に漏れがないかすべて確認してくれる。自分でやることに慣れてしまっていたので、TV業界のAPのシステムには改めて衝撃を受けた。

懸念があるとすれば人間関係で、スタッフそれぞれのこだわりや熱意がうまく噛み合わなくなるようなことは多々ある。何しろ巨大なプロジェクトのため、中には私がフォローしきれず人間関係の板挟みにあっているスタッフもいたが、そのたび、コミュニケーションを取っていった。

ただ、「東京ドームライブって面白そう、参加したい」というお祭り感の共有は、リスナーだけでなくスタッフに対しても意識していた。東京ドームライブという大きな目標に向かうことで、個性的なスタッフたちが一致団結していく感覚はあった。

また精神的につらかった時期に、星野さんにご依頼していたライブの主題歌「おともだち」が完成し、その素晴らしい曲を聴いて救われた。当初はスケジュール的に難しかったライブへの出演が可能になったことにも大いに励まされた。個人的な思いもあるが、何より東京ドームでライブ経験のある星野さんとそのチームの方々に参加いただけるなんて、こんなに心強いことはない。

こうして2023年内にはほぼ演出は固まり、年明けからはリハーサルなどを実施しながら、ライブの実現に向けて詳細を詰める段階に入っていく。この段階に入ると、私はほとんど何もやっていない。判断が求められたときにちょっと意見を言うくらいだ。

思わぬ形で身についたファシリテーション力

今回、司会役として多くのセクションと会議をしてきたことで、マルチタスクの他にファシリテーターとしてのスキルも高まったような気がする。たくさんの会議を通じて実感したのは、まず当たり前のことをしっかりやることだ。機嫌が悪そうな雰囲気を出さず、元気良く進行して前向きな空気を作る。これだけでも、意見はだいぶ出やすくなる。

また、人の発言や提案に対し、ちゃんとリアクションすることも大事だと思う。シーンとした中で順番に人が喋っていくだけの会議もあるが、発言者も手応えがないし、周囲の人も意見しづらいのではないか。プラスでもマイナスでもいいので、人が言ったことに対してなんらかのリアクションをしたほうが会議は活発になるはずだ。

よく、会議では前向きな発言だけをするべき、みたいな考え方があるが、方向性として正しくなければ「違う」と言ったほうがいい。違っていることが伝わらないと、どんどん進行のスピードが遅くなるからだ。一方的な肯定だけの意見はときに進路を惑わせる。

それは先輩や上司にあたるような方々との社内会議でも同じで、若林さんや現場スタッフの思いを背負っているので、みんなで決めたことについてはよっぽどのことではない限り「折れない」と決めていた。私が折れたら、ライブの根幹が揺らいでしまいかねない。

特に裏付けのない懸念などに対しては、どれだけ議論が平行線になろうが折れなかった。なんとなく妥協案を探ってしまうこともあるが、それではどちらも得をしない。会社で潰されないためにも、「折れない」という気持ちを持つことは生き抜く術の1つだと思う。

東京ドームライブの中心、若林さん

立ち上げからずっとライブのために思考を巡らせ続けていたのが、座長たるオードリーの若林さんだ。スタッフと演者の関係はさまざまだが、若林さんとはもはやその関係を超えた本質的な近さやつながりを感じていて、絶対的な信頼を置いている。

番組や日本武道館ライブなどディレクターとして濃い時間を過ごしてきただけでなく、私個人の活動もつぶさに見守っていただいてきた。共感性が高く、優しい考え方を持っていて、相手の気持ちになれる方なので、東京ドームライブの制作中も、私が1人で抱えすぎてつらそうにしているのを気にかけてくれた。そして、私もまた若林さんがキツそうな瞬間などを見ていて、お互いに励まし合い、フォローし合いながら長期に及ぶ企画に向き合ってきたと思う。

一方で、お互いに「こっちがこれだけやってるんだから、そっちもやるでしょ？」と背中で語り、ケツを叩き合うようなこともあった。二人三脚とも違う、絶妙な距離感で伴走してきたのではないだろうか。私も若林さんも、大変だと言いつつ、誰よりも東京ドームライブにワクワクして、ずっと前から当日を楽しみにしていた。

だからこそライブが終わったら、お互いにまた武道館ライブ後のように燃え尽き症候群になってしまうのではないか。私はそれが心配で、若林さんとはライブが終わってからのことも話していた。宇宙飛行士の野口聡一さんが番組ゲストとして登場した際に、「大きな挑戦が終わったあとの予定を入れておくといい」と言っていたので、若林さんはその先のことを考えているという。

私もそれにならって、自分の将来について考えた。東京ドームライブが終わったら、会社を辞めて起業しよう。ずっと夢中でいるための、長期スパンの計画だ。一方、あとから若林さんの過ごし方を聞いてみると、沖縄旅行や特番など、単発の予定ばかりで、すぐに消化してしまって困ったという。

でもそのあと、若林さんは『大喜利ティーパーティー』といった小さな会場でのライブをはじめるようになる。私も独立後は最小人数で作るポッドキャストなどに回帰していった。これはリアル脱出ゲームを手掛けてもらったSCRAPの加藤隆生さんも言っていたことだ。加藤さんはかつて東京ドームでリアル脱出ゲームイベントを達成できたあと、再び小さなスペースでのイベントに立ち返るようになったという。

これ以上ないくらい大規模な挑戦を終えると、その先はなかなか思い描けない。すると、再び足元を見直す段階に入るものなのかもしれない。

若林さんの「正解」を信じてチームで動いた

そんなわけで、東京ドームライブプロジェクトは若林さんを中心に進めていた。

若林さんから何かアイデアをもらったときは、その具体化のためにチームみんなの知識や知恵を集める。ちなみにこういうときの安島さんの頭のキレ、整理能力はものすごくて、若林さんのイメージを的確に言語化してくれた。私は少人数・生放送が基本のラジオの人間だということもあり、何事もふわっとしたまま伝えてしまうので、とても助けられた。

そして判断が求められる場面でも、若林さんが最終的には正解を選んでくれるという確信めいたものがあったので、あえて正解から遠い案も含めたくさんの案を出すようにしたり、正解の根拠となるような要素を集めたりするなど、できるだけ若林さんが正解を導きやすい状況を作るようにも努めていた。疑り深い性格で企画の粗を探すのも得意で（いい意味で言ってます）、その上、人生経験も豊富でその精度も高い若林さんの導き出す「正解」は、最終的に全員が納得できるものになると信じていたのだ。


そういう点では、私は「若林派」と言われてもおかしくないスタッフで、中にはやりづらさを感じているスタッフもいたかもしれない。しかし、イエスマンになっているつもりはなくて、若林さんにすべての判断を丸投げしていたわけでもない。

ときには議論したり、否定的な意見を言ったりもしている。こっちがサボれば若林さんに見透かされて、信頼関係も崩れていただろう。「一緒に正解を探してきた」というニュアンスのほうが近い。

そうやって若林さんの「本当に音がちゃんと聞こえるのか」という懸念に応えたり、「宣伝Tシャツを売ろう」というアイデアを具現化したりしてきたが、そうした懸念やアイデアがなかったらライブはどうなっていただろうか。楽観的な考えだけで、誰かがなんとかしてくれるだろうと、ライブをより良くしようと追求することはなかったと思う。

若林さんと私が圧倒的に違っていたのは、若林さんは番組およびライブを背負っている演者であることだろう。

外から見れば、ライブの失敗は表に立つオードリーの責任になる。チケットの売れ行きに対する不安や、ライブが成功するかどうかのプレッシャーは、私が製作総指揮として感じていたものの比ではないはずだ。たくさんのTV番組にも出演している若林さんが東京ドームライブだけに集中できるはずもなく、そのバランスを取ることも難しかったのではないだろうか。

コミュニケーションを続ける中でも若林さんは、東京ドームライブは1人で作れないということを改めて実感しているようだった。だったら、私が1人で抱えきれなかった荷物を持ってもらったように、若林さんの荷物を少しでも引き受けたい。そこで、できるだけ私たちスタッフにも課題を振ってもらうよう体制を整えた。

サポートのイメージとしては、私のところに一度ボールを集めてもらって、決定的なところで若林さんにパスを出す。そして若林さんがシュートを決める。つまり正解に近い判断をくだす、といった感じだ。

それでも、プレイングマネージャー的に出演者としてライブのパフォーマンスを追求しつつ、裏方として企画について考えるというのは、かなり大変なことだったと思う。おまけに、ライブを乗り切る体力をつけるために、ストイックに自転車を漕いで体を鍛えていたのだから、頭が下がる。レギュラーのＴＶ番組の数も普通ではない。打ち合わせをするときに、若林さんの収録終わりのＴＶ局に会いに行って、その大変さを感じた。

ようやくラスト１ヶ月になって、ご本人の希望もあり出演する側に集中してもらうことができた。いつまで一緒に企画を考えてもらってるんだ、という話だが、みんなでいろいろと対応してきた結果、ようやく若林さんが裏方の仕事を手放せるまでになったのだ。

粘る春日さんと前夜の興奮

年末年始は体調を崩したが、なんとか持ち直してライブまで残り1ヶ月という時期を迎え、リハーサルの段階に入った。幕張メッセなどでドームのステージの実寸を取った上で、本番に向けて懸念点を洗い出し、一つひとつ潰していく。

「チェ・ひろしのコーナー」だったら、春日さんへのドッキリなので本人は参加できない。そのため、スタッフによるシミュレーションを何度も繰り返した。他にも幕間のコーナーに登場する松本明子さんのアップをどれくらい映すのか、引っ張りたい派とそうでもない派に分かれて議論するなど、細かいところまでとにかく詰めていく。とはいえ、企画の段階で綿密に計画してきたおかげで、大きな問題や修正もなくリハは順調に進んでいた。

唯一の懸念点といえば、メイキングや番組などでも取り上げられた春日さんの入場問題くらいだろう。映画『メジャーリーグ』をオマージュした映像から野球のユニフォームを着て登場する春日さんについて、ステージへ向かう間はいわゆる〝春日〟として歩いてもらいたいスタッフに対し、春日さんはそのまま『メジャーリーグ』のチャーリー・シーンとして歩きたいと主張していた問題だ。

正直、どうでもいいと言ってしまいたいところだが、入場パートの設計に関わるからそうもいかない。漫才同様、オードリーにおいて、春日さんが若林さんより先にステージに到着することはあり得ないので、春日さんのペースに合わせて、自転車で勢い良く登場する若林さんの入場コースを短くするなどして、検討し直さなくてはならないのだ。

幕張でのリハーサルから意見は平行線のままで、私はもう諦めていたのだが、サトミツさんだけが粘り強く春日さんと話し合いを続けてくれて、本番当日のリハでようやく春日さんがユニフォームを脱いでゆっくり歩くという流れに落ち着いた。サトミツさんは、芸人であり放送作家でもあるので、演者とスタッフ両方の見方ができる上に、オードリーのどちらとも、密に話をできる関係性を持っていて、ことあるごとに助けられた。私が困っているときも、相談に乗ってくれた。精神的にとても助かり本当に感謝している。

他にあった問題は、東京ドームで通しのリハーサルができないことだった。前日も別のイベントが行われるので、当日の1回しかチャンスがない。

そこで、東京ドーム内にある打撃練習場に基地を作り、スタッフ全員で集まって段取りの練習をすることにした。流れのきっかけやタイミングを主要スタッフで確認していく。リアルな通しリハーサルとは異なるが、何度も流れを確認して練習したことで段取りが頭に叩き込まれ、結束も高まったと思う。

東京ドームシティで生活し、気持ちを高めていく

本番4日前になると、東京ドームホテルに泊まり込むようになった。東京ドームがばっちり見える東京ドーム側の部屋だ。リハーサルもドームの近くでやるし、何かと呼び出されることも多かったのでホテル暮らしを選んだ。期間限定の東京ドームシティの住人。

東京ドームシティではすでに15周年展やリアル脱出ゲームがはじまっていたので、番組

リスナーがちらほらいて、本番が近づくにつれてその数も増えていく。東京ドームシティが徐々にラスタカラーに染められていくのを肌で感じた。

そして本番前日、もうできることといえばちょっとした打ち合わせと台本の不備をチェックすることくらいだ。夜になるとようやくステージの仕込みがはじまるので、その状況を確認してからホテルに戻った。不安や緊張はない。みんなでずっと準備を続けてきたので、ある程度うまくいくという想像がついていた。だからか、テンションもさほど上がらず、東京ドームに慣れてしまったような気がしていた。

それが、スタッフと当日の集合時間を確認してホテルの部屋に戻ると、だんだんテンションが上がってくる。深夜2時ぐらいになっていたが、スタッフそれぞれに「頑張りましょう!」という内容の長文LINEを送る。すると、全員返事をくれた。どうやらみんな寝られないらしい。東京ドームライブで一番テンションが上がっていたのは、このときかもしれない。

落ち着かない気分のまま、トイレに行って寝ようと思ったら、こんなときに限ってトイレの水が流れない。ホテルの人に来てもらったが直らず、仕方ないからそのまま寝た。

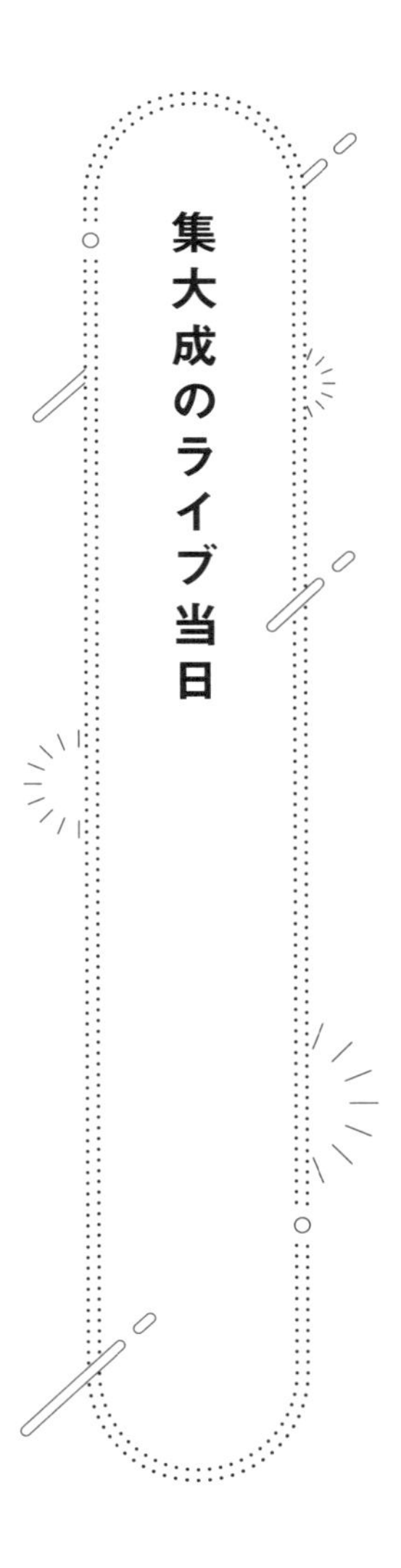

集大成のライブ当日

ライブ当日。

昨晩からドーパミンが出まくっているから朝6時に元気に東京ドームへ向かう。早朝にもかかわらず、東京ドームシティにはもうリスナーたちの姿があった。

ドームに入ると、さっそくリハーサルがはじまる。私はドームが見渡せるアリーナ席にあるスペース（ＦＯＨ）でリハ全体を見守っていた。そのため、各セクションのことは担当スタッフのみなさんにお任せしていて、トラブルなどについては把握しきれていない。後日、ＮＨＫ『１００カメ』のドキュメンタリーを観て、ＤＪ機材のトラブルをギリギリで回避していたことを知ったくらいだ。

通しリハーサルができるのは1回だけなので、絶対に進行は押せない。時間が限られているので、全員が集中して進行する。ちょっとしたトラブルはあったものの、想定内で、リハーサルは問題なく進んでいた。普通にやっては決して終わらないリハーサルを、優秀なスタッフのおかげでやりきることができた。

しかし、ほんの少しずつ押してしまい、開場まであと1分なのに重要なVTRのチェックができていなかった。東京ドームくらいの規模になると入場にも時間がかかるので、開場時間を遅らせることもできない。とはいえ、VTRに不具合があっては、絶対にいけないので、必ずチェックしなければならない。

この瞬間、私は「もう開場してください」と伝えた。ドームは広いので、開場しても観客が客席に到着するまでに時間がかかる。その間に2〜3分のVTRならチェックできるはずだ。

結局、観客が客席に入ってくる前には、VTRチェックを終えることができ、2分押しくらいでリハーサルは終了。観客の入場用の曲が流れはじめたのを聞いて、ホッと胸を撫で下ろした。これも経験による直感がうまく働いた結果だと思う。

ライブ本番も準備がハマる

ついに開演の時間だ。絶対に押せないから、時間通り席についてほしいと、番組で呼びかけていたところ、見事に時間通りはじめられた。リスナーも日本一のリスナーだ。ウェルカムムービーであるアニメ「おともだち」に続いて、双津さん制作の帯広のトウモロコシ畑のVTRが流れる。VTR中にカメラをスイッチングしてラジオブースを映すというアイデアも、技術的に難しいところを練習してきただけあって、効果的に決まった。

トウモロコシ畑をかき分けるように、LEDのモニターが割れて若林さんが登場する。モニターを2つに割るなんて発想は自分にはなかったが、岡本さんが「できる」と言ってくれたことで実現した。自転車がステージ下からせり上がる演出も完璧だ。わかりやすい角度で自転車を撮れなかったことだけが、ちょっとした反省点である。

春日さんもユニフォームを脱いで、ゆっくりと入場してくれた。その春日さんがイヤモニをつけ忘れて反響が起き、一瞬音が聞きづらい場面があったところだけ冷や汗をかいたが、トークがはじまってしまえばしばらくやることはない。春日さんのトークでは、若林さんに学生時代の思い出の「ポークライス」を再現して食べてもらう流れがあったが、実は春日さんと水口さんのこだわりが隠れている。ポークライスは調理室から運ばなければならないが、トークのタイミングが読めない。そこで、若林さんにホカホカを届けるために2皿用意して、トークが延びたら第2陣を届けられるようにしていたのだ。結局、無事に第1陣のポークライスが運ばれ、若林さんの最高のリアクションを引き出せた。

面白かったのは、幕間の企画でTAIGAさんとダブルネームのジョーさんが、番組で過去に何度も語られたエピソードを再現したのだが、最近のリスナーには届かずポカンとされたことだろうか。わかっていたことだし、それでもやって良かったと思う。ずっと番組を聴いてきたリスナーに熱狂してもらえる企画もやりたかったのだ。

「チェ・ひろしのコーナー」は水口さんがステージ上で大立ち回りしてくれたこともあり、バシッと流れが決まる。経験豊富なTVディレクターの水口さんはその明るさと見た目とは反対の細かい気づかいができる人でチームのムードメーカーだった。企画的にしっかりした準備ができず不安そうだった安島さんも、テンションが上がって「素晴らしかったです！」とインカムで声を上げていた。

松本明子さんのコーナーは第2章で話した通り。経験からの直感でうまくいった。

春日さんとフワちゃんのプロレス対決がはじまると、ステージ上にリングが登場する。実際のプロレスの試合では当然最初からリングが中央に設置されているわけで、これも今までにやったことのない演出ではないだろうか。これも岡本さんが「出せる」と言ってくれたおかげで実現した。プロレスに詳しい人に聞いても無理だと言っていたので、実はかなり常識はずれで画期的なことだったのかもしれない。岡本さんにできないことはない。

若林さんによるＤＪプレイでは、思わず泣きそうになった。若林さんが体力作りやライブの準備、他の仕事などに追われながら、ずっと練習してきた過程を知っているから、その光景が思い出されて、とても感動した。もちろん観客は爆笑だった。

そして、自分が担当した音楽のパートでも、星野源というアーティストのすごさをまざまざと見せられて本当にうれしかった。星野さんが登場した瞬間が、この日一番の歓声だったと思う。シャボン玉の噴射や天井のライティングなど、『星野源のオールナイトニッポン』に若林さんがゲスト登場した回のキーワード「アメーバ」を意識したすべてが溶け合うような演出もハマって、会場が一体化していた。

エンディングでは、オードリーがトロッコで会場を回る。スタンド席のリスナーの近くにもオードリーが行けるように考えられた演出だ。

最後は、漫才。ほぼ観客になって観ていたのだが、漫才のネタについても若林さんがずっと頭を悩ませてきたと聞いていたので、ドッとウケるたびにうれしくなってしまう。笑いの量で、きちんとスタンド席の奥まで、音が届いているのがわかる。東京ドームでここまで笑いをとったのは、今のところ、オードリーしかいない。

オードリーの漫才はただ面白いだけじゃなくて、笑えるし泣けるという不思議な効果がある。今回も「今のオードリーって、こういうことだよね」というお二人を象徴するようなネタになっていて、素晴らしかった。他のスタッフもみんな座って漫才を観ながら笑っている。会場にいる全員が爆笑していた。あの光景はきっと忘れないだろう。

漫才が終了し、ＶＴＲのキューを出すとエンドロールが流れる。エンドロールのＶＴＲはなかなかＯＫが出ず、双津さんが何度も何度も編集して安島さんと私でチェックを重ね、若林さんも納得した素晴らしいＶＴＲだった。双津さんはこのライブのあと、業界を卒業された。集大成をご一緒できて光栄だった。最後の最後、カーテンコールでオードリーが登場すると、武道館ライブではうまく起こすことができなかった拍手が自然に起きてホッとした。これで本当に『オードリーのオールナイトニッポン in 東京ドーム』は終了する。トータル3時間30分予定のライブは、10分押しの3時間40分で幕を閉じた。

終わった瞬間、自分の手から離れていった

武道館ライブでは漫才の前からずっと号泣していたが、今回は何度も頭の中でシミュレーションしてきたからか泣くこともなく、退場していく観客たちを眺めていた。

ベンチに座っていると、岡本さんがやってきて、おじさん同士で握手をする。安島さんとはおじさん同士でハグをした。泣き顔の東京ドームの佐々木さんとも握手をして、双津さんとは「すごかったですねぇ」としみじみ話した。満足そうな観客を眺めながら、スタッフのみなさんとねぎらい合ったこの時間が、一番幸せだったかもしれない。

楽屋のほうに戻り、星野さんやスタッフのみなさんにご挨拶すると、若林さんの楽屋へ挨拶に行った。若林さんはものすごい量のドーパミンが出ていたのだろう、酔っ払ってい

るのかと思うほどのテンションで、かなり強めにハグをされた。びっくりしたのとうれしかったのもあって、ここでついに号泣する。春日さんに挨拶したかどうかは覚えていない。終わった瞬間に自分の手から離れたような気分で、いつもは配信の売れ行きを最後まで気にしているのに、トータルで約16万人が観てくれたと聞いても、他人事のように感じていた。以前なら「やってやったぜ」みたいな気持ちもあったが、そんな風にも思わない。当たり前の話だけど、東京ドームライブはオードリーのお二人とリスナーのものなのだ。「みなさん、おめでとうございます。楽しんでくれて本当にありがとうございました」というシンプルな思いだった。

打ち上げでも、直前に挨拶した佐々木さんがしっかり泣いたこともあってか、特に泣くこともなく淡々と挨拶し、それから展示内容が入れ替わる15周年展のチェックに向かう。最後にドームの撤収確認を終え、みなさんをお見送りすると、深夜の2時過ぎにホテルに帰った。長い1日がようやく終わる。トイレは直っていた。東京ドームを見ながら寝る。

翌朝、春日駅から帰ろうとすると、駅名にちなんだ春日さんの広告看板を見に来ていたリスナーに声をかけられた。「すごいライブでした。ありがとうございました」と言われて、ようやく東京ドームライブが成功したうれしさが込み上げてくる。溢れてきた達成感と高揚感に浸りながら長い旅を終えた気持ちで家に帰った。

東京ドームライブは、関わった全員の物語が内包されていた。中心となった若林さんの物語があって、春日さん、そしてオードリーの物語。それに『オードリーのオールナイトニッポン』という番組の物語が加わり、サトミツさんや番組スタッフのそれぞれの物語も取り込んでいく。そこにリスナーだった東京ドームの佐々木さんの物語も入って、途中から演出チームの物語もあるし、ケイダッシュステージのマネージャーさんたちの物語も、含んでいく。舞台スタッフもそうだし、グッズやデザイン、ゲストのみなさん、企画に関わるすべてに物語があって、東京ドームに集約されていく。そして、会場に来た観客や、ライブビューイングや配信で見ているリスナー一人ひとりの物語がすべて集まって、完成した。その物語に私も入れてもらえて、関わったみなさんへの感謝しかないし、一生の思い出になった。それは、参加したみなさんもそうなのではないか。またいつか、この仲間と一緒にみんなの物語の続きを見たい。今度は嘘じゃないです。またイベントをやるなら、参加したい。とても頼りになる仲間ができたから。

滔々
対談
咄

PART 03

髙比良 くるま

（たかひら・くるま）

お笑い芸人
（令和ロマン）

完成されていない、新しいことがしたい

『M-1グランプリ』で史上初の2連覇を達成した令和ロマンの髙比良くるま。ネタや活動だけでなく、芸人としてのスタンスまで注目される髙比良さんに、その真意やメディアとの向き合い方、未来を見据えた行動について聞いた。

※取材は24年12月初旬のものとなります。

誤解されがちだけど正統派の吉本芸人

石井　初めましてに近いですよね。対談してみたい相手としてお名前を出してみたものの、絶対に断られると思ってたから、ちょっと警戒してます（笑）。

くるま　計算を狂わせてすみません。対談、好きなんですよね。対談とラジオばっかりやってます。

石井　ポッドキャストをいっぱい

やってますもんね。でも、地上波のラジオは結構断ってると聞いていて。それはポッドキャストをやっているから？

くるま そうですね。これ以上増えると回らないというか、喋ることなくなっちゃうんで。Stand.fmでは時事性の高いこと、Artistspokenでは有料会員にしか言えないことを話してます。あと、YouTubeもわりとラジオっぽく喋ってますし、漫才もラジオみたいになっちゃって、全部ラジオなんですよね。

石井 でも、ラジオ業界にとっては逸材なわけで、絶対に地上波でラジオやったら面白いとみんな思ってるんですよ。そこでポッドキャストを選んでいるのに理由はあるんですか？

くるま 単純に先にやってたからですね。いろんな人に「ラジオやってないんですか？」って聞かれて、ラジオってそんなに偉いんだと後から知りました。

石井 別に偉かないです（笑）。

くるま 世代的なことなんですかね、感覚的にはポッドキャストもラジオだと思ってやってるんですよ。

石井 確かに、YouTubeとTVも同じというか。

くるま ただ、先にやってたものを大事にするという意味では、古い人間なのかもしれない。同じように、先に劇場の予定が入ってるからTVのオファーに応えられないって丁寧に説明しても、「TVを断ってる」みたいなことになっちゃって。

石井 ちゃんとそういう気持ちでやってる人が少ないから、逆に新しく見えるんでしょうね。

くるま 仁義系というか、最近の芸人の中ではめっちゃ古いタイプなんですよ。正統派の吉本芸人。

石井 吉本芸人像がちょっと変わった時期があると思うんですけど、その前の世代の感じというか。

くるま そうですね。だから、辞めたりもしないですし、ゆくゆくは吉本に入閣していきたいくらいです。社員もやって、会社を支えたい。

石井 吉本愛がこんなに深い芸人さんはいないですよ。しかも東京の吉本なのに。

くるま 吉本のシステムの恩恵を全部受けてきたからでしょうね。劇場とかも当たり前にあったし。劇場で勝って上のランクに上がればノルマを払わなくていいとか、ルールもわかりやすいから、それだけをやっていれば良くて。結果的にネタも平場も強くなって、それがM-1とかにつながっていく感じなんです。

石井　「システム」って言っていいのかな（笑）。でも、そのシステムを考えた人の思った通りに育ってるっていうことですよね。

くるま　吉本の最高傑作。別に吉本じゃなくても花開いたであろう人もいますけど、僕は絶対に吉本じゃないとぼんやりしちゃって無理だったと思います。

M-1には世話になったので連覇にチャレンジしたい

石井　くるまさんの本（『漫才過剰考察』）も読みましたけど、ちゃんと準備をした上で、起こった事象についても後から分析してるんですかね。僕は後づけの人間なんで、考えなしに突き進んでから、つじつまを合わせてる感じで。

めっちゃ古いタイプの正統派の吉本芸人なんです。

KURUMA

くるま　いや、全然。つじつま合わせの面のほうが大きいです。M-1で言ったら、1回戦の時点で先のことまで全部考えてるわけじゃなくて。1回戦が終わったら、ここがこうウケたとかつじつま合わせをしながら2回戦に向かうんです。説明が難しいんですけど、決勝だったら1本目と2本目の間にも結果論の分析をして、2本目までの間につなげている。つじつま合わせではあるんですけど、そこから答えを出すのも早いっちゃ早いっていう。

石井　確かにスピードも早いけど、普通は1本目と2本目のネタは決まってて、ちょっとやり方を調整するぐらいのところを、ネタごとひっくり返したりしている。そういう準備はしっかりしてますよね。

くるま　全部用意周到に考えてるわけじゃないけど、保険だけはいっぱい用意してる感じですかね。

石井　なるほど、保険はわかりますね。あと、（本の中で）M-1を「仕事」って呼んでたのも好きで。みんなそう考えてるものなんですか？

くるま そうじゃないですか。他で成功してる人がM-1に出るケースが多いのも、挑戦し続けないとダメだっていう空気があるからだと思うんです。それってもう夢というより仕事のスタンスに近いなって。

石井 元来は夢みたいなものだったはずなのに。年間のスケジュールも、皆さんM-1に合わせてる感じなんでしょうか。

くるま そうなってますね。みんなM-1に合わせてライブを打ったりしてます。

石井 確かに仕事ですね。また出るんですよね。この本が出る頃には結果も出てると思いますけど（対談後、令和ロマンは『M-1グランプリ2024』で優勝し、連覇を達成）。

くるま 僕、パターン厨なんで、今までにないパターンとして連覇チャレンジはやらなきゃダメだなと。M-1には世話になったので。

石井 やっぱり義理堅い（笑）。

ディレクターがクリエイターだと思ったことはないんです。

完成されたものにあまり興味がないのかも

石井 学生時代にTV局でアルバイトしてたんですよね？ 本の中で、TVは出てる人が面白くて、作ってる人は面白くないとわかっちゃったから、あまり興味を持てなくなったとあって、僕も同じこと思ってたなって。僕はラジオディレクター出身だけど、ディレクターがクリエイターだと思ったことはないんです。特に芸人さんのラジオでは、あくまで伴走者に過ぎなくて。

くるま 僕も過剰に幻想を抱いてたというか、全部台本だと思ってたんですよ。そしたら、芸人さんがその場で面白いことを考えて喋ってたから、「なんだ、そっか」と思っちゃって。芸人がすごすぎるんですよ。先日、バナナマンの設楽（統）さんと番組をやったんですけど、とにかく速くて面白くて。すごいスピードで強いお笑いをギュッとぶつけて、絶対にカットさせない。

石井　自分たちも頑張ってそうなろうとは思わないんですか？

くるま　完成されたものにあまり興味がないのかもしれないです。TVはもう正解が出揃っちゃってて。僕らもいろんな番組出てきましたけど、「こういうときはこう言う」っていうのがもう定まってるんですよ。漫才の方が、そのときは未知な部分が残ってる感じでやりがいもあったし、楽しかった。

石井　オードリーの若林（正恭）さんも、漫才はやればやるほど選択肢が増えるって言っていて。芸事って天井がない感じがしますけど、漫才は何が違うんでしょうね。

くるま　漫才は基本的に二人の会話っていう条件に限定されているから、逆に深いのかもしれないです。相方が何かやらかした場合と、逆にプラスなことが起きた場合で、かける言葉も違ってくるわけで。

石井　ラジオと一緒ですね。

くるま　そうですね。しかも、漫才はお客さんっていう要素も大きくて。自分たちのステージや状況によって客層が変わるんですよ。同じネタでもウケるところが違ったりするので、それも面白いです。

石井　同じお客さんであることはない、そこはでかいんでしょうね。

くるま　そうですね。それに漫才は自分で最後までやり切れるから、やりがいがあるんです。TVの収録は楽しいんですけど、放送では同じパッケージに編集されてしまうから、オンエアを観てもワクワクしないというか。

石井　いつもウケてるくだりが、毎回カットされることもあるって聞きました。パッケージにするときに邪魔だから。

くるま　そういう製品としては素晴らしいと思うんですけど、僕は自炊したいかな、みたいな。

石井　確かに、ポッドキャストもYouTubeも最後まで面倒見られるものをやってるわけで、全部筋は通ってる

TVはもう正解が出揃ってて漫才の方が未知が残っている。

KURUMA

んですよね。

くるま　得意なことをやりたいだけで、動機は1つなんです。

いつか富士山の麓で でっかいライブを

石井　でっかいところでライブやりたいと思ったりはします?

くるま　ありますね。でも、華大どんたく（2024年2月10日、福岡 PayPayドームにて開催された『博多華丸・大吉 presents 華大どんたく』）で漫才をやったときに、声が客席に届いて戻ってくるまでにラグがあって、漫才は限界があるなと思いました。

石井　令和ロマンは、でかいところでもやれそうですけどね。

くるま　でも結局、ぐっさん（山口智充）や藤井隆さんが一番ウケてたので、やっぱり音楽が強いですね。だから僕、音楽の中にあるお笑いみたいなことができればいいなと思って、ギターをはじめました。相方はベースができるので。

石井　音響次第で漫才もトークも行けるとは思いますよ。オードリーさんのとき（『オードリーのオールナイトニッポン in 東京ドーム』）はやれたので。あれは観客が全員リスナーだったのも大きいですけど。

くるま　確かに、そういうチームが自分たちにはないんですよね。

石井　我々も初めての経験だったけど、誰も正解がわからないことなんで、作業として面白かったです。だから、他の人がやったことない会場の方が面白いんじゃないかな。

くるま　そうですよね。まずは、そういうイベントが一緒にできるチームを作るところからはじめたいところです。漫才は、音との戦いですから。声の出し方とか、自分でできる分野は研究してましたけど。

石井　漫才の音響については、まだまだ研究されてなくて。今、30歳ぐらいですよね？　5年、10年かければいろいろできるかも。

くるま　音については、一緒に考えていきたいですね。

石井　やりましょうよ。令和ロマンなら、ドームクラスのキャパでもいつかできるはずですから。

くるま　ぜひ手伝ってください。最終的には富士山でやりたいので。長渕剛さんみたいに、朝まで耐久ライブとか。

石井　（笑）。常にやったことのないことをやりたいと思ってますけど、野外ライブは選択肢から除外してましたね。でも、できるかもしれない。東京ドームだって技術や研究の蓄積によって、音がいいライブができるようになったわけですから。

最終的に富士山でやりたい。朝まで耐久ライブとか。

海外へと広がる令和ロマンプロジェクト

石井　でも、先のことを考えて行動に移してるのはすごいですよね。

くるま　いっぱい考えてます。（『ゴジラ-1.0』の）山崎貴監督もハリウッドデビューする時代なんで、海外で活躍する日本人俳優のモノマネをしたらウケるかな、とか。

石井　メジャーリーグのスタジアムでも、スターに似てるお客さん映したら爆笑が起きてますもんね。

くるま　ですよね。モノマネから輸出していって、最終的に漫才ができたらいいなって。

石井　いやぁ、面白い。参加させてください、令和ロマンのプロジェクトに。

くるま　とんでもないです、こちらこそお願いしますよ。

石井　令和ロマン世代って、お笑いだけじゃなくてクリエイター全般が強いんですよ。だから、引っ張り上げてもらおうかなって。

くるま　マジで同い年が強すぎますからね。大谷翔平がいて、羽生結弦がいて、QuizKnockの伊沢拓司くんもい

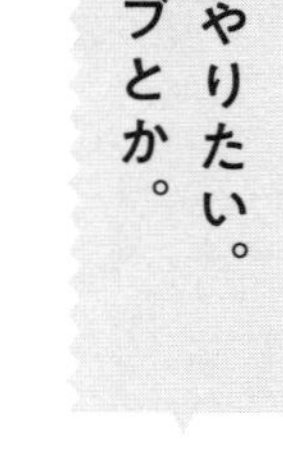

て。怖いんですよ。でも、同い年で活躍している人をつなげられたらいいなと思います。

石井　じゃあ上の世代として、ちょっと先にやってるぶんは導けるようにして、「結果的に石井さんがいたおかげだな」というモードに持っていきたいと思います。

くるま　まずは東京ドームですね。「お笑い野球」がやりたいんですよ。セット組まなくていいし、お笑いと相性もいいので。

石井　オードリーさんも同じこと言ってたな（笑）。野球って、毎日何万人も集客する他にないコンテンツだよねって盛り上がってました。

くるま　マジですか？　その場にいたかったなぁ。バッターボックスに入るときに1個ボケたり、デッドボールで乱闘したり、めっちゃ盛り上がると思うんです。

石井　まずアナウンスの時点でボケ放題ですからね。

くるま　そうなんですよ。スタンドに売り子として芸人がいたりすれば、マネタイズもできますし。今度こそやりましょうよ。東京ドームで芸能人野球みたいなイベント。

石井　ちょっと東京ドームに話を持って行ってみますね。

くるま　とりあえずキャッチボールからはじめておきます！

誰も正解がわからないことのほうが作業としても面白い。

髙比良くるま（たかひら・くるま）

1994年、東京都生まれ。2018年、慶應義塾大学のお笑いサークル「お笑い道場O-keis」で出会った松井ケムリと令和ロマンを結成。慶應義塾大学を中退しNSCに入学すると、東京校23期の首席となった。2023年、『M-1グランプリ』の決勝に初進出し、優勝。翌年の2024年にも優勝し、史上初の連覇を達成する。

ここ最近まで石井さんは僕より年上だと思っていました。それくらい頼りになるというか、落ち着いています。ただ、ラジオ大好きモンスターのツンデレです。無色透明の個性？ どこがやねん！ フリーになってめっちゃ個性溢れ出してますやん！ みなさん暖かく見守ってあげてください。

橋本直／お笑い芸人（銀シャリ）

東京ドームライブでは準備のためにかなりの時間一緒に過ごしましたが、ドームのこと以外の会話はほぼなし。こう見えて石井さんも人見知りだったんですね。

安島隆／演出

僕がずっと唱えてきた「石井玄がカリスマになる3つの条件」①くるぶしソックスをやめる／②9分丈パンツをやめる／③SNSで褒めてほしい感を出しすぎない。①と②は奥様が時間をかけて克服させてくれたおかげで、残すは③のみ。今度は私たちの番です。皆で力を合わせて石井玄を褒めていきましょう！

宮森かわら／放送作家

昨年末、仕事以外で初めてのことだが石井ちゃんとフットサルをした。結果はうちのチームの圧勝。今年の年末はどのように準備をして、どのようなプレーをするか、とても楽しみである。おそらく、「かなり準備をして本番を迎える」だろうから。

佐藤満春／放送作家

第 4 章

正解のない道の進み方

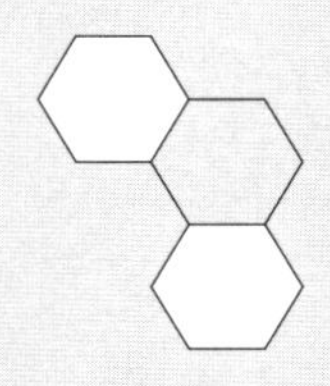

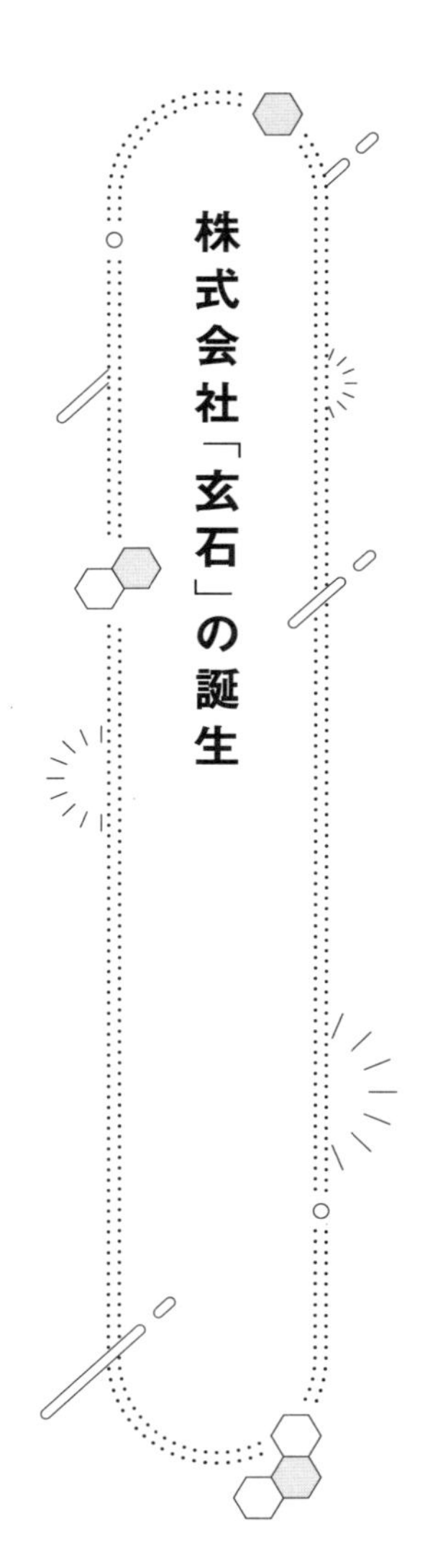

株式会社「玄石」の誕生

そして私は会社を辞めた。

辞めようと決めたのは、『オードリーのオールナイトニッポン in 東京ドーム』が行われる1年前。ちょうど番組内でイベントの開催を正式に発表した2023年3月18日のことだった。

東京ドームでイベントをやれば、番組自体の評価はさらに上がるし、ニッポン放送にも大きな利益が生まれる。関わってくれるスタッフはもちろん、オードリーのお二人、来てくれるファンのみんなも幸せな気持ちで終われるようにしたいと改めて思った。そして、それが現実のものになったら、私自身はどうなるんだろうとも考えた。

ニッポン放送に自分のやるべきことはもう残されていない――。

そんな考えに至ったとき、わりとあっさり「じゃあ、会社を辞めよう」と決めた。すべてが終わってから辞めるのは普通すぎる。私の悪い癖かもしれないが「大きなイベント前に辞めたらもっと面白そうだ」と思いつき、上司に「9月頃に辞めたい」と伝えた。

今思えば当たり前だが、会社側から「せめて東京ドームライブまでは社員のままでやってほしい」と説得された。そこでこちらからも条件を提示し、受け入れていただいたことで、東京ドームライブはニッポン放送全体のプロジェクトになっていった。

オードリーに退職を報告したら……

当初、私は「東京ドームライブが終わった日に辞めるのがカッコいいんじゃないか」と考えていた。とはいえ、イベントの後処理もあるし、後輩たちへの引き継ぎ作業もある。話し合った末に、2024年3月末に退職することで会社と合意した。中田英寿のようにグラウンドの真ん中で、ユニフォームで顔を覆って、寝転びたかったのだが。

辞めることを周囲に話し出したのは年が明けてから。ただ、ライブの準備で暇がなく、社外の人たちへの報告は東京ドームライブが終わってからになってしまった。

若林さんにお伝えしたのは、ライブの記念Tシャツについて相談しに行ったときだ。とても驚かれていたけれど、笑顔で「石井ちゃんなら大丈夫だね」と応援していただいた。

春日さんには珍しく驚かれたのを覚えている。「辞めたあとも一緒に仕事はできるのか？　何かあったときに我々のことをやってくれるのか？」と質問された。「もちろんやります」とお伝えしたところ、安心したのか「それだったら辞めてもいいですよ」と言われた。春日さんは普段そういうことを言わない人だ。ドームライブを経て、役に立つ人間だと評価していただけたのかもしれない。

星野源さんに挨拶しに行ったら、「それはよかったね。頑張って。応援してるよ」とまっすぐに言っていただいたのはとても印象に残っている。佐久間宣行さんには「辞めるとは思ってたけど、思ったより早かったね」という連絡をいただいた。実に佐久間さんらしい反応だった。

ニッポン放送所属最後の日

有給休暇の消化期間に海外旅行に行き、最後に出社したのは3月29日だった。

ニッポン放送では退職する際に社長から辞令をもらう形になる。社長室の前で待っていたら、定年を前に退職されることになった大先輩のベテラン社員とばったり顔を合わせた。以前ディレクターをやられていた方で、私もお世話になった好きな先輩だった。

ご挨拶して、退職する理由を伺ったところ、「家族に許可を得たから、1年間自転車で日本一周するんだ」という話を聞かせていただいた。「こんなに面白い人が定年前にラジオを辞めてしまうのか」と残念に思ったし、同時に「自転車で旅をするなんてうらやましいな」とも思いながら、辞令を受け取った。

ニッポン放送のロビーには「オールナイトニッポン」の大きなモニュメントが設置されている。パーソナリティの方々がよく写真を撮っている。せっかくだから普段話したことのない受付の方にお願いして、私も撮影してもらって、そのまま会社を出た。

退職すると言っても、ニッポン放送とはこれからも仕事をしていくから、それほど感慨はない。それでもとても晴れ晴れしい気持ちになった。

会社名を「玄石」に決めた理由

ニッポン放送を辞めると決めてから、なんとなく自分の中で会社を作ってみたいと考えるようになった。「会社を作る大変さを味わってみたい」「社長になってみたい」という好奇心から作ったと説明するのが一番合っていると思う。なんかカッコいい。

実際のところ、会社を作るのは簡単だった。まず税理士に相談し、司法書士を紹介してもらった。そのあと、何度かやり取りをしただけなので、感覚的には自分は何もしてない。細かい部分はあるにしても、少額の資金さえあれば設立できる。書類を提出し、4月1日付けで立ち上がることがあっさりと決まった。

決めなくてはいけないのが社名だ。周りの会社を持っている人は〝会社名大喜利〟から逃げている姿勢が見て取れたので、自分はちゃんと考えることにした。とはいえ、自分の名前に近いほうがいい。そこで思いついたのが「玄石（げんせき）」だ。

会社としても生まれたばかりの〝原石〟で、これから宝石になる〝原石〟を探す意味合いもつけられる。〝玄石〟という言葉自体にも磁石の意味があるらしい。人と人とを引き寄せる磁力を持った会社になっていけたらという願いを込めて、この社名に決めた。

会社のロゴを作ってくれたのは、兄の石井亨だ。プロフィール写真はカメラマンの長野竜成さんが撮ってくれた。「あの夜」や東京ドームライブでお世話になった方だ。会社のHP作りはGERAの恩田貴大くんが手伝ってくれた。協力してくれる人たちがいて、本当にありがたかった。私は何もしていないに等しい。


そうして迎えた4月1日。会社を設立して、HPを開設したが、その時点で私にあった仕事はポッドキャスト2本のレギュラーのみ。周りから「これから何をやるの？」と聞かれても、「いや、わからないです」としか答えられない。でも、〝何も決まっていない面白さ〟を感じて、私の心は東京ドームライブが決まったときと同じようにとにかくワクワクしていた。

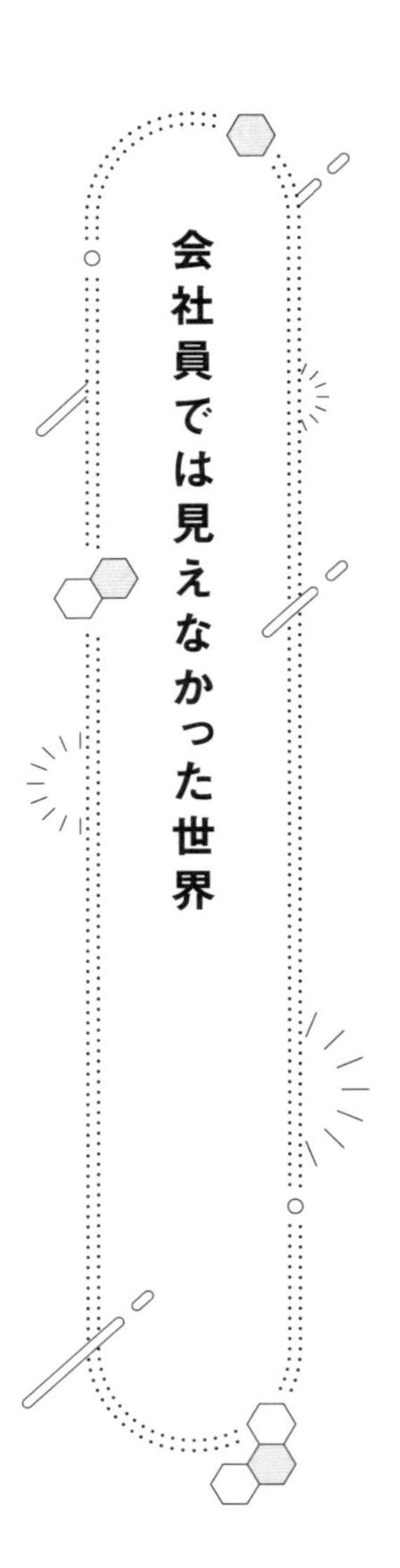

会社員では見えなかった世界

「独立してもオファーが来ないんじゃないか」という不安は杞憂に終わった。すぐに50件以上の問い合わせが届いたのである。

スケジュールが真っ白なので、とにかく依頼をくれた人には可能な限り会ってみることにした。相手のうち9割は知らない人たちだったが、最終的に、ほとんどの方と直接なり、オンラインなりで会うことになる。中には個人的な転職相談や独自にやっているポッドキャストへの出演依頼もあった。

最初にオファーをくれたのは、うぶごえ株式会社の岡田一男社長だった。「何でもいいからご一緒したいと思って連絡しました」という文面で、具体性はない。それでもひとまずお会いしようと調整しているうちに、「実は料理人の鳥羽周作さんとつながりがある。鳥羽さんと石井さんでポッドキャストをやったら面白いはず」という話をいただいた。

直接お会いした岡田さんは、『アフタートーク』の熱心な読者で、熱いプレゼンをしてくれた。これが鳥羽さんのポッドキャスト立ち上げにつながっていく。

独立した際に決めたルールは〝ギャラのない仕事はやらない〟。お金が発生しない仕事を受けはじめるときりがなくなる。「それでもやりたいですか？」と確認して、オファーの熱意を測る部分もあった。「とりあえず会いたい」と連絡してくる人もいたが、岡田さんがそうだったように、「何か考えて持ってきてください」と答えることにしていた。

独立する前は、「知り合いに『困ってるんですよ』とお願いしたら、仕事をくれるのだろうか」などと考えていた。しかし、幸か不幸かそんな経験をすることなく、「今後の自分はどうなってしまうのか？」というドキドキはあっさりなくなった。

最終的には届いた約50件の問い合わせのうち、8割ほどは何らかの仕事につながった。驚いたのは、オファーをくれた人たちは全員、私が書いたエッセイの読者で、私の喋るポッドキャストのリスナーだったことだ。

本を出版するのは難しいが、ポッドキャストなら誰にでも簡単にできる。たくさんの人に聴いてもらえなくても、たとえば、100人のリスナーがいてそのうちの30人がオファーをくれたら、それだけで私のように食っていける。音声が届いた人への広告効果の強さは以前から知っていたつもりだったが、想像以上の効果を改めて実感した経験だった。

当たり前の話だけど、会社員時代は給料が決まっていて、大きくは変わらない。ただ、独立すると、仕事をしたぶんだけ収入が上がる。これも初めての経験だった。

私の仕事は、存在する何かを作ったり、何かを売ったりする仕事ではないし、在庫も抱えていない。形のないものを作り、それを納品しているだけだ。基本的にはPC1台あればできる仕事で、かかる経費は交通費ぐらい。あとはほぼ利益になる。

毎月、税理士と打ち合わせするたびに「玄石の売り上げはこんな感じです」と報告してもらう。確実に数字が上がっていくのは〝桃太郎電鉄〟的な面白さがあって楽しい。税理士がテンション上がってくれるので、私もうれしい気持ちになった。

まだ見ぬ音声コンテンツを探して

『宮司愛海のすみません、今まで黙ってたんですけど…』

独立したときに私にあったのはポッドキャスト2本の仕事だけ。1本は第1章で紹介した『佐藤と若林の3600』だが、もう1本ある。フジテレビの宮司愛海アナウンサーがパーソナリティを務める『宮司愛海のすみません、今まで黙ってたんですけど…』だ。

まだニッポン放送に所属していた頃、彼女がInstagramのDMで「ポッドキャストをやりたい」と連絡してきたのがはじまりだった。私にとってはよく知らない人だったが、若林さんからは業界でトップ3に入る優秀なアナウンサーだと聞いていた。若林さんがそう言うならば、きっとそうに違いない。そんなところから番組がスタートした。アナウンサーはラジオでもＴＶでも自分の言葉で発信することがほとんどない。特に報道畑にいる宮司さんは自分で発信する機会が少なく、鬱積した思いを吐き出したいという気持ちが強かった。本人の熱量が高いから、まとめ録りが主流の中、いまだに毎週1本ずつ録音している。丁寧にやっているから着実にリスナーは増えており、本人のストレス発散にもなっているようだ。ＴＶでコメントする宮司さんが、自分の言葉で話せているのは、ポッドキャストをやっているからだと思う。

『鳥羽周作のうまいはなし』

前述したように、独立して最初に受けたオファーから生まれたのがポッドキャスト『鳥羽周作のうまいはなし』だ。鳥羽さんご本人からも熱のこもったプレゼンを受けたが、「必ずうまいものを食べさせます」という言葉に惹かれて、その場で決まった仕事だ。

鳥羽さんが料理界でどんな風に思われているか私は詳しく知らない。ただ、いつも「エンタメを作るのも料理を作るのも一緒」と話してくれる。料理だけでなく、空間演出や箸やナイフ、椅子など細かいところまで考えつくして、お客様を迎える。そんな鳥羽さんの姿勢には共感している。

普段はクオリティの高い料理をお店で出しているが、鳥羽さん自身は〝その辺にいるオッサン〟だ。コンビニの商品やファストフードも好きで、いつも楽しそうに食べ物の話をしてくれる。聴いているだけでお腹がへる。鳥羽さんの番組をはじめて、音声コンテンツと食べ物の相性の良さを改めて感じた。いくつか、鳥羽さんの料理を食べさせてもらったが、どれも抜群に美味しく、料理に関して、鳥羽さんは魔法を使える。

『林士平のイナズマフラッシュ』

第1章で出会いを書いたが、林さんのトークがとにかく面白くて、初対面なのにもかかわらず「林さん、ポッドキャストをやったほうがいいですよ」と伝えたのがはじまり。

林さんは今私が目指す人物像。ライバル視するよりも、近づいて弟子入りし、何かを吸収したほうが絶対にいい。林さんも私を面白がってくれて、番組がスタートした。

ラジオだとゲストの出演時間は短い。自己紹介的なトークをして、宣伝したいことを喋ったら終わりになってしまう。「ゲストとのトークを2時間にしたらどうなるだろう」「それをもう一度やったらどうなるだろう」という話で林さんと盛り上がり、2時間のトークをして、1ヶ月期間を空け、もう1回2時間、合計4時間トークする形式に決まった。

さらに、林さんから「それだけじゃつまらないんで、話をして生まれた企画を形にしていけたら、もっといいですね」と提案されて、それも入れ込むことになった。脚本家の野木亜紀子さんがゲストに来たときは、林さんがドラマの企画書を作るという話が出た。本当に実現するようなら、私も参加したいし、リスナーも参加できるようにしたい。

『日刊 佐倉綾音〜天才・天久鷹央になる100日間〜』

この番組は〝アニラジ〟と呼ばれるジャンルのポッドキャストだ。アニメ『天久鷹央の推理カルテ』を制作する株式会社アニプレックスの木村吉隆プロデューサーから依頼を受けて携わることになったが、「佐倉さんが出演するので、石井さんに本気のアニラジを作ってほしい」と頼まれた。一番の本気はなんだろうと考えたときに思いついたのが、100日間続けるというアイデアだ。アニメの1クール＝3ヶ月だから、だいたい100日ぐらい。佐倉さんが100日間連続で毎日配信したら一番本気度が伝わるはずだと考えた。

とはいえ、あくまでも〝会議が盛り上がる用の企画〟で、事務所も本人も乗ってこないだろうと考えていたが、佐倉さん本人が「100日やりたい」と言っているという。アニラジに対して思うところもあるそうだ。こちらは大変だからやりたくないと思いながら、制作をはじめた。案の定、毎日ポッドキャストを配信するのは、とても大変だ。佐倉さんの謎のやる気によって、なんとか成立している。そのあたりは対談も読んでいただければ。

『Will D』

GERAで配信しているポッドキャスト『Will D』は、前面に打ち出していないが、お笑いコンビ、ティモンディの前田裕太さんの番組だ。前田さんは「芸能界に居場所がない」「自分は芸人に向いてない」と悩んでいた。

それならば、宮司さんのように吐き出す場所があったほうがいい。先輩や後輩の芸人に聴かれてやいのやいの言われても喋りにくくなる。名前をなるべく伏せながら、それでも誰かに気づいてほしいという番組作りをやってみたかった。閉ざされた空間で、前田さんが言いたいことを言う番組にしたら、みんなの居場所になるのではないかと想像した。

現時点で前田さんは「自分の居場所ができた」と言ってくれているので、あとはこれをどうやって継続していくか。リスナーを絞った中でのマネタイズを今は考えている。

とにかく数字を追いかけて、聴く人数を増やして、イベントをやる。その形は経験しているが、限界があるのもわかっている。そういうところにはいかない小さなコミュニティを作ることが自分の役割ではないかと今は思っている。才能がある前田さんには芸人を辞めないでほしいから、番組をできるだけ続けていきたい。

『岸田奈美のおばんそわ』

作家の岸田奈美さんは、エージェント会社である株式会社コルクの代表・佐渡島庸平さんから紹介していただいた。岸田さんは以前からXのスペースで〝DMを全部読み上げる配信〟をやっていたが、佐渡島さんは「石井さんが入ったら、もっとよくなるかもしれない」と考えたらしい。岸田さんご本人からもやってほしいと言われてお受けした。

すでにあるスペースでの配信に演出と構成を入れる方向にして、メールアドレスも作り、長文を受け取れるようにした。そうやってラジオの手法を入れ込んで、生配信したものをポッドキャストに落とし込む形にした。

岸田さんは関西にお住まいだから、マイクと収録機材を送り、スタッフとはオンラインでつないで放送している。いわゆる一般的な放送とは違うけれど、リスナーと直接やり取りをしながら、生で配信することはできている。これを編集してポッドキャストにしていけば、収録のポッドキャストとは、風味の違う番組を作っていける。

岸田さんはタレントの仕事もしているとはいえ、喋りのプロではないが、それでもズバ抜けてトークがうまい。エッセイを書いて、何回もSNSでバズっていることからもわかるように、目の付け所が面白いし、ラジオにも向いているタイプだと思う。近い将来、どこかの放送局がワイド番組のパーソナリティをオファーしてもおかしくない。

『滔々咄』

『滔々咄』は私自身がパーソナリティだ。前身である『滔々あの夜咄』は私が制作したコンテンツを宣伝する番組としてスタートした。ただ、東京ドームライブのチケットが売り切れた瞬間にその役目を終えて、番組は終了した。

そして『滔々咄』として再開したときは、会社と私自身を宣伝しようと考えていたが、4月の段階で仕事が埋まり、またも目的を失ってしまった。だから今は、会いたい人をお招きしてトークする番組に切り換えた。

誰かと夜にご飯を食べに行こうとすると調整が大変だが、ポッドキャストの収録だと日中の短時間なのでスケジュールが合いやすく、じっくりと話すことができる。無駄な話も減る。今度はこの番組を使って、玄石の社員募集をすることになった。たくさんのご応募をいただけてありがたかった。この本ができる頃には、リスナーの社員が誕生していることになる。

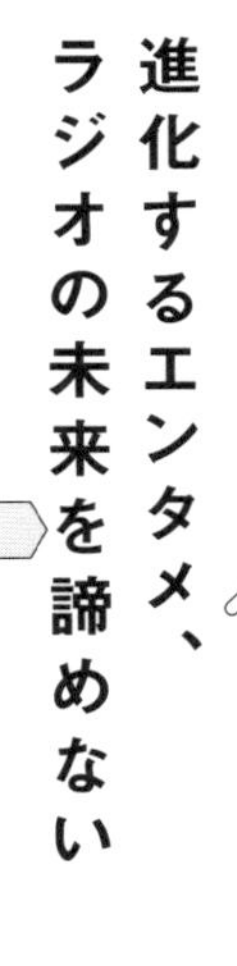

進化するエンタメ、ラジオの未来を諦めない

独立後にイベントプロデューサーとしての仕事も請け負った。２０２４年11月２日に有明アリーナで行われた『THE SECRET SHOW』と、２０２５年１月８日〜10日に日本武道館で行われた『ＳＳＳ in 武道館』『WhiteTails 最初で最後が武道館』だ。どちらも私は出演者のことを知らず、向こうも私のことを知らないところからのスタートだった。『THE SECRET SHOW』の出演者である Naokiman のような純粋無垢なトップクラスのクリエイターはなかなかいない。YouTuber として大成功している理由は、彼の飽くなき探求心とクリエイティブに対する尋常ならざるこだわりであることが、よくわかった。ＭＣの実力の高い、お笑い芸人シークエンスはやともさんも含めて、またいつか一緒に仕事ができたらと思う。

WhiteTails（現在は活動休止中）は、中心メンバーであるNakamuくんと一緒に制作をした。20代半ばで、何もわからないけど、やりたいことはたくさんある、かつての自分を見るようだった。同じチームで3日間武道館公演をやるのは大変なこと。それでも「やりたい」と押し進めていけたのは若いからこそできることだ。そういう現場で協力できるのは、今までの経験があればこそなので、役に立ててとてもいい時間を過ごせた。

2024年11月17日と29日にニッポン放送とWOWOWの共同製作として配信された生配信ドラマ『ゴースト・オブ・レディオ〜バチボコ怖い心霊バスツアー〜』にプロデューサーとして関わった。

この企画は、ラジオリスナーで『あの夜を覚えてる』を見たラジオが大好きなWOWOWの樋浦悠真プロデューサーから提案を受けて実現した。『三四郎のオールナイトニッポン』のファンクラブが2023年に開催した「バチボコプレミアムバスツアー」の存在をリスナーとして知っていた大九明子監督が、こちらもラジオ好きのザ・マミィの林田洋平さんと一緒に脚本を書いて、最後までやりきった。リスナーが作った作品なので、とても意義があることだと思う。日々トラブル続きで、大変な苦労もあったが、若い樋浦さんの成長も感じられて、見事成功させたことはとても素晴らしかった。

「ゴースト・オブ・レディオ」からつながって決まった仕事が、WOWOWの『連続ドラマWゴールデンカムイ―北海道刺青囚人争奪編―』のオーディオコメンタリーだ。

過去にもオーディオコメンタリーを何本か担当したことはあったが、今回はラジオっぽく作ってほしいと言われた。そこで、牛山辰馬役の勝矢さんをMCにして、あとは出演者が入れ替わるスタイルになった。

新しい取り組みだったが喋り出すと楽しかったようで、キャストのみなさんはまたやりたいとおっしゃっていた。ドラマの収録現場では短い時間しか過ごせなかったが、コメンタリーの収録現場でじっくりと話をして、グッと仲良くなったらしい。

個人的には私のことを知っている人が誰もいない現場で、「こいつは何者なんだ?」という空気感のまま仕事をするのはとても楽しかった。東京ドームライブを作った人ではなく、1人のラジオディレクターとして参加できたことが心地よかった。

好きな人たちが楽しむ番組作り

執筆している時点ではまだ発表になっていない企画にもいくつか関わっている。1つは『週刊少年サンデー』編集部によるポッドキャスト『少年サンデーのフキダシ』だ。「編集部にいる人間の個性を伝えて『この人たちと一緒に仕事をしたい』と思ってくれる漫画家を増やすような番組にしよう」というものだ。少年サンデーの編集部員の漫画への深い愛情と知識を感じられる番組で、漫画好きなら、たまらない内容だ。

映像の企画として進んでいるのが、アルコ&ピースの平子祐希さんと三四郎の小宮浩信さんによる高円寺を舞台にしたＦＯＤの番組『平子と小宮のずっと高円寺にいるテレビ』だ。宮司さんのポッドキャストの担当の方から企画募集があったのだ。

ＴＶのことは何もわからないので、放送作家の飯塚大悟さん、元テレビ朝日のＴＰこと高橋雄作くんを巻き込み、３人の文脈がある企画を考えた。飯塚さんは三四郎と若い頃から一緒に仕事をしていて、『つぶぞろい』というライブも一緒にやっている。ＴＰは『アルコ&ピースのオールナイトニッポン』のリスナーで最終回の出待ちにいた人だ。アルピーと三四郎の共通点を探して、平子さんと小宮さんが高円寺に住んでいることに行きつき、番組を作ることになった。

私がプロデューサーをやるならば、TVバラエティのように外に広げていく形ではなくて、好きな人が見る番組にしたい。『アルコ&ピースのオールナイトニッポン』のリスナーである放送作家の髙橋亘くん、髙﨑淳平くんにも声をかけた。みんな仲良しで、みんな好きという状態で、ピリピリせずに楽しくやる。FODとはいえ、いよいよTVにも手を出してしまった。

急ぎ足での紹介になったが、イベントや映像の仕事もしながら、結果的に独立してからはポッドキャストの仕事が中心になっている。自分がやりたいと強く思っているわけではなく、オファーをいただくからやっているという表現のほうが実感に近い。とかく勘違いされやすいが、私自身が企画した番組ばかりではない。オファーされた内容を最適化している。

恩を返す番！　ラジオメディアで業界をつなぐ挑戦

最近は地上波ラジオについても改めて考えるようになった。キッカケになったのは、山梨放送のアナウンサーである服部廉太郎さんから「山梨放送を盛り上げたいので、力を貸してほしい」というオファーを受けたことだ。

山梨放送で講演会を行い、依頼通りに東京ドームライブの話を中心にしたけれど、「響いてない」という印象が強く残った。終了後、改めてラジオスタッフの方たちと個別で話す機会があったが、「東京ドームライブはすごかった」と話してくれたあとに、「でも、自分たちとは関係ない話だと思う」と言われて、ショックを受けた。

話を聞くと、山梨放送のスタッフは40～50代のディレクターが5人。制作現場を回すのも精一杯の状況だから、イベントなんてどうやっていいかわからない。お膝元の甲府市は人口が減少し続けているという。東京でも厳しいのに、地方だとさらに厳しいと気づいて、まずはコミュニケーションを取りましょうというところからスタートした。

地方局のみなさんが集まって行われる地方民間放送共同制作協議会……通称・火曜会にもお声がけいただき、セミナーを開催したが、そこでも地方局の厳しい現状を耳にした。山梨放送よりもさらに状況がよくない放送局もあったが、過去に私が携わった番組を聴いてくれていて、ラジオが好きな人がたくさんいた。

思い返せば、『オードリーのオールナイトニッポン in 東京ドーム』の開催が決まったとき、広く宣伝すべくステッカーを作って配付したが、まったく関係ないのに、全国の放送局が協力してくれた。恩知らずのまま過ごしてきたけど、その恩は返さないといけない、そんな気持ちになった。

キー局だろうと地方局だろうと、ラジオを作っている人とはつながっていて、気持ちは同じなのだから、一緒に何かをやったほうが絶対にいい。そういう横断する動きは放送局の中にいるとできない。でも、辞めた人間なら自由に動けるはずだ。ひとまず玄石は〝ラジオ局特別割引〟で仕事を受けるというルールでやることに決めた。

厳しいラジオの現状を、私が顧問をさせていただいている株式会社 TwoGate の人たちに話したら、玄石と共同出資して「ラジオメディア」というアプリを制作してくれることになった。ラジオの情報を集約して、携わっている人たちが業界の今を知ることができるアプリを目指している。各局にも協力してもらい、2024年末に立ち上げた。

文化放送エクステンドの社長の内田浩之さんとも定期的にお会いしているが、「ラジオメディア」の先に、〝ラジオの万博〟のようなイベントができたら、業界を盛り上げられるんじゃないかという話になり、その企画も進行中だ。

正直、放送局を辞めた時点で、地上波ラジオはもう関係ないと思う気持ちもあった。放送局には、最低限、自分の時代にラジオが終わらなければよいと、諦めかけている人も大勢いる。しかし、外に出てみたら、諦めていない人たちがたくさんいた。服部くんも、内田さんもそうだし、元TBSラジオの橋本吉史さんもそうだ。J-WAVEの森田太さんも諦めていない。他にもたくさんの方にお会いしたが、年上にも諦めていない人がいるのはうれしかった。年下だがラジオ関西の神吉将也さんなど、地方にも同じ想いの人たちがいる。そういう方たちと一緒に何かができたらと思っている。ラジオ業界の人も、リスナーのみなさんも、どうか力を貸してほしい。

幸せになるためには？

2024年11月、帯状疱疹になった。早期発見ですぐに医師の診断を受け、薬を処方されたので、数日仕事のペースを緩めただけで症状は収まった。大したことはないと思っていたが、周りに心配されて、結構な病気なんだと気づかされた。そのあとも体調が悪い日は多い。38歳。どうやら無理が利かない年齢になってきたらしい。

これまでは多少体調が悪くても、いけるだろうと思ったらだいたいはなんとかなってきた。特に若い頃はモチベーションが高ければどうにかできた。ただ、最近は「体がだるいからもうやりたくない」という気持ちが年々強くなってきた感覚がある。

林士平さんに強く勧められたのもあって、先述のようにひとまず玄石に社員を入れる方向に決めた。体が動かなくなり、思うように仕事ができなくなって、後進の育成をするようになるのは、どんな人も避けられない人間のサイクルだ。年齢的に私もそういうターンになってきたのだろう。現時点では45歳に引退したい。林さんはずっと働いて、死んだあとも脳のデータをアップロードして働こうとしているらしい。本当に恐ろしい。

体に影響が出やすくなっているぶん、メンタル面にも気を配るようにしている。これは昔からやっていることだが、面倒臭いと感じる人がいたら、自分の中で出禁にして、可能な限り、別の人に任せるようにしてきた。会社員時代はそれでも仕事をしなくてはいけないこともあったが、独立してからもそういう人とは仕事をしない鉄のルールにしている。

今は「担当を変えてほしい」とはっきりと言えるので、気持ち的にはとても楽になった。もし変えられないとしたら、こちらからやめる判断をする。「そうまでしてやりたい仕事はない」というスタンスを取るように常に考えている。

〝執着を持たないようにする〟というのは、メンタルを守るためにも有効な仕事術だ。もちろん執着があったほうが面白いものを作れるのも事実だけれど、持ちすぎないようにする。「どんなつらいことがあっても続ける」「死んでもやりたい」と思って仕事に臨むと、結局それはストレスになっていく。いつでも「じゃあ、辞めます」と言える心持ちと、収入の安定はとても大切だ。

これは会社員だったとしても同じだ。この会社で一生働きたい、働かなくてはいけないと思うと、つらいことがあっても辞められないし、いつまでも離れられなくなる。いつでもお別れできる準備をしておくことは大事だ。

こう思えるのは、ディレクター時代に自分で一生懸命やってきた番組から外れたり、番組自体が終わったりする経験をしたからこそかもしれない。イベントも終わったら解散だから、過度に入れ込まないほうがいいと考えるようになった。

そもそもプロデューサーは水を差す、ケチをつける、あらを探す、文句を言う、そういう職業だ。想いが強すぎると面白いものは作れない。客観視できるかどうかが大切だ。

仲間や同士を集めて、正解のない道を進んでいく

『滔々咄』では、毎回ゲストに「幸せ」について話してもらっている。独立して収入が上

がっても特に「幸せ」を感じなかったからだ。

幸せと感じる瞬間は人それぞれだ。仕事や家族に見出す人もいれば、コンビニの新商品と答えた人もいた。毎回「なるほどなあ」と感じてきたが、先日、ついに正解が出た。『ビリギャル』の著者で坪田塾塾長の坪田信貴さんがゲストに来たときのことだ。

「僕は幸せをまったく求めてなくて。幸せというのは感情なんです。感情だから上下する。みんな幸福論を言うときに、ある程度、安定的で恒久的なものだと捉えがちなんですけど、感情だから日々変化するんで、幸せなんて求めちゃ駄目なんです」

坪田さんの意見を聞いて、目から鱗が落ちた。幸せは喜怒哀楽と同じようなもの。その場の感情ゆえにどれだけ追い続けても辿り着けない。その瞬間は幸せでも、必ずそのあとに不幸せになる瞬間がある。そんな考え方を今までしたことがなかった。

坪田さん曰く、求めるべきは豊かさで、「結局、人間関係の豊かさ以外にないんです」と結論付けていた。家族や友人とも良好な関係を築くことが大事。そして、自分の歩き方に合わせて、不思議と同じようなキャリアや考え方を持つ人たちが近づいてくる。坪田さんはそれを仲間や同志と表現していて、「その人たちとの人間関係をいかに深めていくか、豊かにしていくか」を追い求めているそうだ。

この1年、私は独立し、個人として活動してきた。収入は増えたし、自分で時間をコントロールできるようにもなった。会社員時代と比べて、楽しいと感じる瞬間は増えたし、ストレスは減ったが、幸せかどうか問われると「う〜ん」と即答できない状況だった。

でも、「人間関係の豊かさ」という言葉を聞いて腑に落ちた。それまでの人間関係が悪かったわけではないが、会社を辞めたのも、どこかに自分と共感してくれる仲間や同志を探している自覚があったから。独立後は明らかに出会う人の質が変わっている。この本は私が人間関係を豊かにする過程をまとめたものと言えるかもしれない。

坪田さんは心理学と哲学を学んでいる方でビジネスでも成功している。だからこそ、共感できる答えを出してくれたのだろう。坪田さんには「コーナーを終わらせた男」の称号を贈りたい。そんな答えに巡り会えたのは、〝正解のない道の進み方〟を自分なりに選んで、新しい人たちと出会ってきたから。

出会いを一つひとつ大事にし、豊かな関係に育てることで、正解のない道であっても進むのは怖くない。仲間がいるから。そんな仲間を探すために生きているのかもしれない。

PART 04

としみつ

(としみつ)

動画クリエイター
(東海オンエア)

長続きの秘訣は、意気込まないこと

東海オンエアのメンバーとしてYouTube界のトップを走りながら、シンガーソングライターとしても精力的に活動するとしみつ。実は初対面のふたりだが、石井は以前からファンだったという。YouTubeというシビアな世界でモチベーションを保ち、活躍を続ける裏には、どんな思いがあるのか。

聖地巡礼するほど東海オンエアファン

石井　東海オンエアはまっすぐにファンなので、お会いできてうれしいです。緊張もしてます。水溜りボンドから入って、コラボした動画が面白くて、ここ5年の動画は全部観るくらいハマりました。

としみつ（以下・とし）　うれしい！

石井　僕、岡崎（東海オンエアの地元・愛知県岡崎市）にも行ってますからね。大阪で仕事した帰りに寄って、としみつさんのレンタサイクル借りて聖地巡礼して（笑）。

とし　ありがとうございます。

石井　ぴあアリーナMMでやってたイベント（2022年9月11日開催『東海オンエアC カモン東京!! G ゴッドオブエンターテインメント～こんなのアリーなんですか?～』）にも行きました。

とし　えぇ!?　うれしいんですけど、あれは結構恥ずかしいなぁ。

石井　特にとしみつさんは推しているので、今回対談をお願いしたんです。それに、東海オンエアでイベントやグッズを担当されているということなので、お話できることもあるんじゃないかと。

とし　僕もイベントのことをお話できるかなと思っていました。

箱が大きくなってもやることは変わらない

とし　『オードリーのオールナイトニッポン in 東京ドーム』の円盤も買って観させてもらいましたが、面白かったですね。

石井　ありがとうございます。

とし　ラジオブースがせり上がってくるだけで感動したし、やってみたいと思うような演出もたくさんあって。僕は何も知らないので、ああいう大きな箱でどうイベントをやるのか、すごく興味があります。

石井　ぴあアリーナのイベントはどうやって作ったんですか？

とし　あれは舞台監督の方からいろいろご提案いただいて、それに対して「それだとちょっと普通っぽいかな」なんて言いながら、探り探り作っていました。ただ、自分としては反省点も多かったです。

石井　東京ドームライブのときは、リスナーが一番観たいライブにしようと考えていました。それで、普段のラジオの延長として作っていったんです。そこから、東京ドームの規模に合わせて、春日（俊彰）さんの車をステージに上げたり、星野源さんに出ていただいたりして。ぴあアリーナのイベントも、そういった要素は押さえられているように見えました。

とし　もっと僕らが動画から飛び出してきたようなイベントにしたかったんですよ。ただいかんせん、グループ全員でイベントを見ながら、普段の動画もおろそかにできないので、なかなか準備できなかったんです。

石井 春日さんも東京ドームでやるとなったら、さすがにやる気を出していたので、規模が大きくなれば変わるかもしれませんよ。

とし 僕らがですか？ 大きな規模でできるのかなぁ。

石井 絶対できますよ。イベントのグッズ担当としては、実際にどういうことをやっているんですか？

とし グッズの案やデザイン案をもらいながら「もっとこうしてほしい」と指示することもありますし、「こういうもの作らない？」とゼロから提案することもあります。

石井 僕と同じプロデューサーの仕事をしてますね。グッズ紹介動画では、他のメンバーの空気感が初見に近いなと感じましたが、あれはどういう流れなんでしょうか。

とし 完全に初見なんですよ。

石井 え!? メンバーのグッズもあるのに見せないんですか？

とし 見せないですね。良くも悪くも適当なので。ただ、逆に長く続けられている秘訣もそこにあって、誰もYouTubeに対して意気込んでないんですよ。小遣い稼ぎの感覚ではじめて、小さなデジカメを笑いながら支えてた頃と変わらない。今の若いYouTuberって、富とか名声を築きたいと意気込んで、すごく戦略を練ったりしているじゃないですか。大変そうだなと思います。

僕らは偶然が重なったラッキー集団。

TOSHIMITSU

変化はナチュラルに少しずつ起こしていく

石井 東海オンエアは何年くらいやってるんですか？

とし 20歳からはじめて、11年目が終わって12年目に入りました。

石井 ということは、31歳か。僕は今38歳で、40代が近づいて体力の衰えを感じはじめているんです。東海オンエアは運動したり、体を張ったり、大食いする企画も多いじゃないですか。35歳を過ぎたらどうなっていくんだろうって想像してますか？

とし メンバー同士で軽く話してはいますね。40代になって今のペースではやってないだろうから、たぶんナチュラルにシフトしていくんだと思います。それを信じてないとやっていけないですよ。

石井 今しかできない企画もあるし、5年後にできる企画もある。

とし そう、5年前なら釣りするだけの企画はやりませんでしたが、この前やってみたんですよ。ずっと同じようなことをやっているようで、実はナチュラルに変化していくのがうまいのかもしれない。

石井 僕もラジオ番組を制作していた頃、番組がうまくいかないと、放送局からリニューアルを命じられることがありました。でも、そうすると今まで聴いてくれていたリスナーが一気に離れてしまうんです。だから、自分がオールナイトニッポンのチーフになったときは、後輩に「バレないように少しずつ変えてみよう」と言っていました。きっと、それと同じことですよね。

とし あとは、周りは普通にやっていたことでも、自分たちは特にやりたくないからやってこなかったこともあって。でも、10年後にはやりたくなるかもしれない。

東京ドームライブは〝いつものラジオ〟を目指した。

石井 変わらないといえば、ずっと岡崎が拠点ですよね。僕は埼玉の春日部出身なんですけど、岡崎に行ったとき、すごく懐かしさを感じたんです。なんか似てるなって。岡崎は東京や大阪とかではない日本の地方都市の平均値っぽいんじゃないかと。だから、みんな入りやすい。メンバーも自分の地元の友達感がするので、そういうところで、距離感が近くて、観ている人も親近感を覚えるんじゃないかと思います。

とし 岡崎が好きなので、嬉しいです。岡崎って、山もあるし、川もあるし、海はないけどそれなりに栄えた街もあるっていう、撮影しやすい環境なんですよね。

石井 そりゃ出ませんよね。

とし　東京に出てもやることがないし、個性がなくなるだけなので。

石井　戦略はなかったんでしょうけど、結果的にそこがすごい。

とし　僕らは偶然が重なったラッキー集団でしかないですから。

石井　僕もそうですよ。たまたま20代でオードリーさんの番組にADとして入っただけで、それが東京ドームライブを手掛けるなんて思ってませんでした。

編集はうまければいいというわけでもない

石井　東海オンエアとは別に音楽活動をはじめたのは、どんなきっかけからなんでしょうか。

とし　もともと地元でバンドをやっていて、それが難しくなってソロに移行したんですけど、東海オンエアと切り分けているつもりもないんです。単純に音楽が好きで、カッコいいなと思った人たちの背中を追いかけているだけというか。

石井　全国ツアーなんかも、やっぱりやってて楽しいものですか？

とし　めっちゃ楽しいです。新鮮味があるという意味では、東海オンエアより楽しいかもしれない。自分でも「いつ動画の準備するんだ？」って思いますけど。

石井　みんなそれぞれ個人の活動がありつつ、メンバーのりょうさんが立てた動画のスケジュールもあるわけですよね。どうやって組み合わせてるんですか。

今日も帰ったら、寝ずにイチからラーメンを作ります（笑）。

TOSHIMITSU

とし　もう無理矢理、力技ですよ。今日も帰ったら、寝ずにイチからラーメンを作ります。撮影日に見る動画のための撮影をするとか、結構やることも多くて。

石井　メンバーが作ってきた動画を見て、みんながリアクションすることで1本になるケースって、東海オンエアの特徴ですよね。あれって、普通の動画の2倍手間がかかってて、すごいなと。全員編集できるからだと思いますが。

とし　編集ができるとは思ってないんですよ。僕はカットしてテロップとBGMをつけているだけなので。下手なのがバレないように誤魔化しながらやっています。

石井　いや、それが味になっていると思いますよ。上手に編集されていても、なんか引っかからないというか。それよりも今の見やすい感じがいいんですよね。

とし　確かに、きれいに加工されたことで、逆に自分たちの素人っぽさが強調されてしまうこともある気がします。

石井　それに、6人いてそれぞれが編集することで、客観的に編集できているというか、残酷にカットできるんじゃないですかね。編集担当が1人だと、自分の好きな場面を残してしまいがちだったりするので。

とし　メンバーだからこそ容赦なくカットしたり、強めのテロップを入れたりはできますね。そこは大事にしているかもしれません。

いつかはナゴヤドームで東海オンエアが観たい

石井　今後については、ゆっくりと自然体でやっていくとのことですが、目標などはないんですか。

とし　長く続けていくことが大事なので、目標を聞かれたら「現状維持」と答えています。

石井　僕はどうしても現状に飽きて会社を辞めたり、知らなかった人に会いに行ったりと刺激を求めてしまうので、まだやりきっていない感覚があって、今を楽しんでいるのはすごいと思います。

とし　若いYouTuberはすごいと言いましたが、意識が高いから、目標を立てるんですよ。その結果燃え尽きて、病んで活動休止することもある。だから、あまり高い目標を掲げないほうがいいと思うんです。

石井 でも、僕はナゴヤドーム（「バンテリンドーム ナゴヤ」）で東海オンエアが観たいです。

とし いや、見せるものがないんですよ。

石井 いつもの動画と同じような企画をやればいいじゃないですか。僕もそれが観たいんです。

とし 確かに、ちょっときれいにイベントをやろうとしすぎているのかもしれないですね。

石井 僕が東海オンエアを観ていて癒されるのは、企画が破綻するときなんですよ。TVは企画を成立させるために無理に編集したり、タレントさんに負荷をかけたりしますけど、そういうところがないから楽に観られるし、ちょうど良くて。

とし 5年後には、めっちゃ笑えますしね。

石井 イベントも同じで。もちろんお金をもらう以上、エンタメとして最低限は成立させるべきだけど、観客も東海オンエアを知っているわけだから、「なんだ、このイベント（笑）」みたいになってもいい。ぴあアリーナでも、「もっとふざけていいのにな」と思っていました。

とし 確かになぁ。「こんなことやって大丈夫か？」みたいなこともやれば良かったんですよね。

目標は気負わず「現状維持」で。

TOSHIMITSU

石井 僕たちも東京ドームでいつものラジオをやろうと決めるまでは、ドームっぽい派手なイベントに捉われていたこともありました。でも、ドームだからできることをいくつか入れて、あとはいつもの企画でいいんですよ。

とし その派手が、星野さんの歌っていうのがズリぃと思う（笑）。

石井 あれは確かにズルい。だから、東海オンエアも中日ドラゴンズと野球やったりすればいいじゃないですか。あとは「東海オンエアらしさ」を大事にすれば、観客が観たいものと、自分たちがやりたいことが一致するはずですから。

とし どうやったら自分たちらしいイベントにできるのか、その引き出しがなくて。

石井 本当はめっちゃありますよ。答えは動画の中にしかないんです。僕らもヒントを求めて番組を聴き直していき、春日さんがプロレスやりたいとずっと言ってたし、家族と揉めてるみたいだから、プロレスにできるんじゃないか、みたいに企画を広げていきました。あとはプロの手を借りればいいんです。

とし 本当はメンバーも巻き込んだほうがいいんでしょうね。どうしても動画という大きな船が一番で、イベントとかに時間を使っていいのかな、という感じになるんですけど。

石井 イベントをやることで見えてくるものもありますから。改めて「こんなにファンがいるんだ」と実感できたり、その人たちが喜んでくれているのを見てうれしくなったりするので、スタッフやファンのためにもやったほうがいいと思いますね。

とし そうですよね。今度メンバーにも相談してみます！

石井 やりましょう。僕も相談に乗りますから。何よりも観たい！

自分らしさを大事にすれば
やりたいことも見えてくる。

としみつ

1993年、愛知県生まれ。2013年、高校の同級生らと「東海オンエア」を結成し、動画クリエイターとしての活動を開始。地元岡崎市を拠点に投稿を続け、現在では700万人以上のチャンネル登録者数を誇る。また、青春ヶ丘俊光（せいしゅんがおかとしみつ）名義でシンガーソングライターとしても活動している。

初のリアルイベントライブということで不安もありましたが、制作チーム全体の合宿で方向性が揺らいでいた中、石井さんが率先して僕の思想やイメージを言語化してくれたおかげで、チームが一つにまとまりました。その瞬間、“名プロデューサー”の名は伊達ではないと実感しました。

Naokiman Show／YouTuber

武道館での3日間のイベントでご一緒した際、僕のような素人の話にも耳を傾け、時に厳しく、時に愉快に成功へ導いて下さいました。フランクなのに頼りになる——石井玄さんは、そんな“仕事人”です。

Nakamu／クリエイター

なんも知らんのにテンションだけ高いわたしに、目を剥くような速さで至れり尽くせりの企画をブチ上げてくださって、感極まって「愛してくれてありがとうございます」と伝えたら、「愛してはないです。仕事です」と真顔で三回繰り返されました。そういうところも愛だと思います。

岸田奈美／作家

無理しないで、続けていくことが大事。その感覚が僕とすごく似ていると思った。

佐渡島庸平／コルク代表取締役社長、編集者淡々と鋭いことを言うので冷たい印象を受けがちですが、実は情が深くて茶めっけのある可愛い人。
一緒に仕事をしているとラジオに対するピュアな情熱が節節に感じられて、本当にラジオ愛の深い人なんだなと思います。

鳥羽周作／料理人

先行き不確実なこの業界で、とにかくラジオ界のために！ という熱意と愛、そして曇りのないピュアさでひたすら道なき道を突き進む姿はリスペクトの一言。これからどんな仕事をしていくのか気になる人です。

橋本吉史／
ラジオ・プロデューサー

独立して社長になった僕と真っ先に食事の約束をしてくれたのも石井さんで、食事の日の朝に痛風を発症してドタキャンしたのも石井さんで、ドタキャンの償いなのかそれ以降さまざまなお仕事に僕を巻き込んでくださっているのも石井さんです。

高橋雄作（TP）／
番組プロデューサー

飲み会が好きじゃない（らしい）石井さんが「音声業界を盛り上げるためにはやっぱり飲み会をしないと！」と熱くおっしゃっていました。僕はまだ行ったことないのですが、これは会が開かれていないのでしょうか？ 僕が誘われていないだけでしょうか？ お誘い待ってます。

内田浩之／文化放送
エクステンド代表取締役社長

正解のない道のあとに

振り返ってみると、よくもまあこんなに働いたなと思う。会社を作ってからも面白そうな話があるとどんどんスケジュールを入れていて、結局、休みを減らしている。

知らない世界を知るのは、何よりも楽しいのだ。

正解のない仕事には失敗がない。正解がないから間違いもない。どこからが成功という基準もない。だから、失敗もないし、成功もない。では、どこを目指すのか。

それは関わってくれた人が喜んでくれたか、楽しんでくれたかである。出演者もそうだし、スタッフもそうだし、観客もそうだし、リスナーもそう。そして、私自身が面白かったか。それが正解で、そのために日々頑張っている。

今回、この本の狙いの1つに、ラジオ業界を盛り上げることがある。この本を参考にラジオを盛り上げるラジオ業界の方、新しくラジオ業界を目指す若い方が1人でも増えることを願っています。今、読んでいるあなたが、そうなのかもしれない。

本作の発売にあたって、本の企画から細かい作業まで根気強く付き合ってくれた編集の続木さん、前作の編集担当で企画を進めてくれた松尾さん、制作を一緒に進めてくれたライターの村上さん、後藤さん、これから宣伝で多忙な日々を過ごすであろう『滔々咄』スタッフ、関さん、砂本さん、素敵な表紙イラストを描いてくださった辻次夕日郎先生、石井に素敵なコメントをくださったみなさま、対談を快く受けてくださった、林さん、佐倉さん、くるまさん、としみつさん、本当にありがとうございました。

また、本文中に書かれている期間、一緒に仕事をしていただいたみなさまに、感謝申し上げます。みなさんがいたから、ここに本ができあがりました。関わったすべての方々のお名前を出せていないですが、一緒に仕事をした方がたくさんいます。その誰もが、正解のない道を一緒に進んでくれた仲間です。これからも、よろしくお願いします。

最後に、私の関わった企画に参加してくれたリスナーと、観客のみなさまに厚く御礼申し上げます。いつも、ありがとうございます。そして、またどこかで、あえたら。

正解のない道の進み方

2025年4月16日　初版発行

著　者　石井 玄
発行者　山下 直久
発　行　株式会社KADOKAWA
〒102-8177　東京都千代田区富士見2-13-3
電話0570-002-301(ナビダイヤル)
印刷所　株式会社DNP出版プロダクツ
製本所　株式会社DNP出版プロダクツ

●お問い合わせ
https://www.kadokawa.co.jp/(「お問い合わせ」へお進みください)
※内容によっては、お答えできない場合があります。
※サポートは日本国内のみとさせていただきます。
※Japanese text only

定価はカバーに表示してあります。

ISBN978-4-04-607508-6 C0095